macOS
效率手册

π 少数派 著

U0281238

电子工业出版社

Publishing House of Electronics Industry

北京·BEIJING

内 容 简 介

想要借助 macOS 提升自己的效率？想要把 macOS 变成辅助学习的利器？想要用 macOS 享受生活的乐趣？打开本书吧，这是一本让你从小白变成效率达人的手册。

本书以 macOS 为基础，从基础配置、高效办公、辅助学习、系统维护等方面入手，图文并茂地介绍了 macOS 中各种实用技巧和隐藏功能。本书以实际应用为导向，以提高水平为目标，帮助读者了解 macOS 的细节，挖掘 macOS 的潜力，掌握高效使用 macOS 的窍门，快速成为 macOS 达人。

本书不仅适合希望了解 macOS 各项功能和各类技巧的学生、职场新人等小白用户，也适合希望提升工作效率的开发人员。

未经许可，不得以任何方式复制或抄袭本书之部分或全部内容。
版权所有，侵权必究。

图书在版编目（ＣＩＰ）数据

macOS 效率手册/少数派著 . –– 北京：电子工业出版社，2019.8
ISBN 978-7-121-35474-8

Ⅰ . ① m… Ⅱ . ①少… Ⅲ . ①操作系统②应用软件 Ⅳ . ① TP316 ② TP317

中国版本图书馆 CIP 数据核字 (2018) 第 253000 号

责任编辑：牛　勇
印　　刷：北京虎彩文化传播有限公司
装　　订：北京虎彩文化传播有限公司
出版发行：电子工业出版社
　　　　　北京市海淀区万寿路 173 信箱　　　　　邮编：100036
开　　本：720×1000　1/16　　印张：12.25　　　字数：247 千字
版　　次：2019 年 8 月第 1 版
印　　次：2024 年 11 月第 13 次印刷
定　　价：79.00 元

凡所购买电子工业出版社图书有缺损问题，请向购买书店调换。若书店售缺，请与本社发行部联系，联系及邮购电话：（010）88254888，88258888。

质量投诉请发邮件至 zlts@phei.com.cn，盗版侵权举报请发邮件至 dbqq@phei.com.cn。

本书咨询联系方式：010-51260888-819，faq@phei.com.cn。

序 言

当拿到本书的时候，你一定已经或即将成为一名 Mac 的用户，相信你和大多数用户一样，购买 Mac 只是折服于它的工业设计，并不太了解强大的 macOS。从 1984 年诞生至今，macOS 已经经历了 35 年的发展，但截至 2019 年，macOS 在全球操作系统市场中的份额依然不到 10%，是一个典型的少数派。除了被高端用户交口称赞的优雅和效率，这个系统背后还有很多故事。

第一个商用的图形界面操作系统

一提到图形界面，大家习惯性地会想到微软的 Windows，但最早商用的计算机图形界面操作系统是 macOS。根据《史蒂夫·乔布斯传》的讲述，比尔·盖茨是应乔布斯的邀请，看到 macOS 之后，才产生了推出 Windows 系统的想法，他们也因此从好友变成了"敌人"。

这个背景也奠定了 macOS 与 Windows 的先天差异，前者更加注重人机交互的细节感知，后者则更具有工程思维。尤其是在 1997 年乔布斯回归 Apple 公司之后，重新打造的 Mac OS X 奠定了随后 20 余年人性化界面的标准，如"神奇"的程序坞可以容纳各种类型和不同数量的程序和状态，无处不在的系统设置入口不会打断用户的当前工作状态，这些设计至今仍是 macOS 的核心特征。

一套智能、省心、安全的系统机制

1985 年，乔布斯被董事会赶出了自己创办的 Apple 公司，失望之余，他创办 NeXT 公司，研发 NeXT 系统。10 多年之后，Apple 公司因为需要全新的下一代操作系统收购了 NeXT 公司，乔布斯也借此回归，主导推出了全新的 Mac OS X 操作系统，NeXT 系统的底层创新为 macOS 提供了更强大的基础、更好的多任务能力、无感知的内存管理，加上一体化的硬件设计和配置优化，Apple 公司打造出了一个令人省心的工作环境。

在 macOS 中，查看内存的剩余空间是没有意义的，因为系统首先会占满所有可用内存，然后根据软件使用情况自动调配，保证在用户使用过程中系统的稳定和流畅。

在 macOS 中，用户甚至不需要任何杀毒软件，独特的 UNIX 系统内核让它很少被病毒入侵，整个系统安全、可靠。

整个 Apple 软件生态的起源

从可视化的角度来说，macOS 更加简洁优美，更加人性化，可以说是整个 Apple 软件生态的起源。在推出第一代 iPhone 之前，为了打造优秀的移动操作系统，乔布斯让两个团队同时开发适用于 iPhone 的操作系统，一个基于 iPod 系统扩展成为手机操作系统，另一个基于 macOS 缩减成为手机操作系统。最终后者胜出，iOS 与 iPhone 一起引领了全新的智能手机时代。

因此，如果你是一个 iPhone 用户，那么可以通过 macOS 享受基于整个生态的无缝体验，无论是本地文件的相互投送、电话信息的转接，还是云端文件的及时同步，这种体验是其他操作系统无法比拟的。

用好它的必备技能

不管是自带的 iWork 办公套件，还是拥有 26 余年历史的 OmniFocus 系列软件，成熟的应用生态让 macOS 可以应对各种类型的工作，但系统隐含的诸多优质功能和高效技巧却并不被大多数用户熟知。本书从少数派数千篇优质的 macOS 实用文章中精选出非常有价值的内容进行编辑，结合最新系统的特点，帮助你快速上手 macOS。

少数派

少数派创办于 2012 年，是国内知名的数字科技分享创作社区，拥有各个领域的专业作者 2000 多人，网站包含精选文章 2 万余篇，制作并推出付费教程和课程百余套。基于优秀的作者社区，少数派已经成为国内最优质的 Apple 硬件、系统、应用内容库之一，也是 Apple 公司 WWDC（全球开发者大会）的被邀请机构。少数派同时是知乎排名前列的科技类机构号，新浪微博和今日头条十大科技数码机构之一。

读者服务

轻松注册成为博文视点社区用户（www.broadview.com.cn），扫码直达本书页面。

• 下载资源：本书如提供示例代码及资源文件，均可在 下载资源 处下载。

• 提交勘误：您对书中内容的修改意见可在 提交勘误 处提交，若被采纳，将获赠博文视点社区积分（在您购买电子书时，积分可用来抵扣相应金额）。

• 交流互动：在页面下方 读者评论 处留下您的疑问或观点，与我们和其他读者一同学习交流。

页面入口：http://www.broadview.com.cn/35474

目 录

第 1 章
macOS 基础配置

你可能已经读过不少 macOS 的入门书，但是市面上多数的教程都大同小异，配置出来的 macOS 也很没有个性。你不妨观察一下身边人的 macOS 的桌面，程序坞（Dock）中那一长串的系统应用，可能从他们买来 Mac 开始就从未打开过，但是一直留在那里，霸占着宝贵的屏幕空间。

这样的电脑一点也不"酷"。

从翻开这一章开始，你就将学到最常用的 macOS 基础技巧，把自己的电脑"驯"得服服帖帖：最近用过的文件，一秒就能给你找出来；印象模糊的单词，Siri 帮你准确拼出来；你喜欢的 macOS 经典手势操控方式，也能帮你找回。

让我们从基础配置开始，重新认识 macOS。

1-1 触控板

在 macOS 的系统偏好设置窗口中，列出了各种常见的系统设置选项，本节介绍几个与触控板相关的设置，让手掌下的这块方寸之地发挥出更强大的效能。

Mac 的触控板一直以流畅顺滑著称，不少用户干脆用触控板取代了鼠标。不过，你可能不知道，除了默认的手势，我们还可以自己修改系统设置来获得更加个性化的操作体验。

▎触发角

你可能看到过，有的 Mac 用户，起身时用手指一划、离开触控板，电脑就被锁上了。不懂的人，还以为 Mac 会感应用户与它的远近，来自动锁定。事实上，这个很酷的"自动锁定"只是利用了触发角功能。

单击系统偏好设置中的调度中心图标，进入窗口之后单击左下角的触发角...按钮，就可以打开下图所示的界面。

在这里可以对屏幕的四个角进行设置，当鼠标光标停在屏幕一角时，可以启动对应的程序。这里设置为当鼠标光标停在屏幕左下角时，可以直接启动屏幕保护程序，如上图所示。

下次当你离开座位时，也只需要自然地划一下手指，就能给 Mac"上锁"了。

三指拖移

触控板虽然好用，但当你拖动文件、移动窗口时，会发现手指一直用力按触控板其实很累，不妨开启三指拖移功能，这样，不用全程费力按住触控板也能拖动文件。

在系统偏好设置窗口中单击辅助功能图标，在左侧的列表中选择鼠标与触控板选项，接着单击触控板选项…按钮，在弹出的窗口中勾选启用拖移复选框，并在其后面的选项中选择三指拖移，即可开启它，如下图所示。开启该功能后，可以通过在触控板上移动三根手指来实现拖移，以此来方便地移动屏幕上的活跃窗口。同时，也可以通过相同的方法选择、拖移文字或图片等内容。在拖动过程中，即使抬起两根手指，靠剩下的一根手指也能继续拖动。

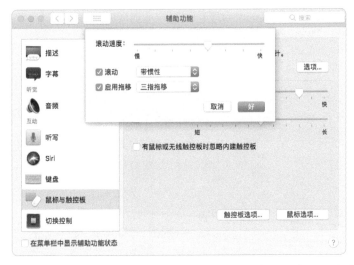

需要注意的是，开启三指拖移功能后，在多个屏幕间切换、开启多任务界面都需要使用四根手指。如果你不想牺牲多任务切换的便利，又不愿意吃力地按着触控板拖动文件，下一个技巧会更适合你。

锁定拖移

锁定拖移选项在三指拖移选项的上方。

开启后，双击你想拖动的内容，并在第二次单击时不释放（否则将会被识别为普通的双击），就可以拖动文件了。之后在任意地方停下来，单击一下触控板，就可以把文件放下。在锁定拖移途中即使把手指放开，文件也会"粘"在鼠标光标上（这就是被"锁定"了）。

1-2 使用 iCloud 同步文件

现在的云存储、云同步服务屡见不鲜，但是在 macOS 中，体验最自然、最流畅的还是 iCloud。它和访达、备忘录、提醒事项、iWork 办公套件等应用程序深度集成，同时能够同步各种文件、第三方软件的设置，保证用户在各个设备上都能获得近似的体验。

当在多台设备上登录了同一个账号时，就可以发挥出 Apple 生态中各个设备强大的协作能力。

本节介绍几个跟 iCloud 相关的技巧。

用 iCloud 同步 Safari 标签页

Safari 标签页的同步是 iCloud 无缝体验的一个典型例子。不用进行任何操作，你就可以在任何 Apple 设备上查看在其他设备上已经打开的网页。

通过 iCloud 可以同步 Mac、iPhone、iPad 等设备上打开的 Safari 标签页。当在某台设备上打开了一个 Safari 页面时，可以直接从其他登录了同一 iCloud 账号的设备上看到这个页面。

这样，你在 iPhone 上看了一半的网页，就可以直接显示在 Mac 的 Safari 中以备继续查看。在 Mac 的 Safari 中可以看到当前在 iPhone 和 iPad 中打开的页面，同理，也可以在 iPhone 的 Safari 中看到在 iPad 和 Mac 中打开的页面。

下次有急事时，你可以带上手机就出门，随时随地在移动设备上继续浏览刚才的页面。在手机上读到一篇不错的文章，也可以马上拿起 iPad，直接点开这个页面进行批注。

用 iCloud 同步桌面文件

我们都有把常用文件顺手放在桌面上的习惯。这经常导致当你走进打印店以后，才发现想打印的文件还在家中 Mac 的桌面上，忘了复制到 U 盘，这是非常令人沮丧的。iCloud 同步让这种尴尬的情况不再出现。

通过 iCloud 可以把 Mac 桌面上的文件自动存放在云端，这样，即使不在自己的 Mac 前，我们也可以通过 iPhone、iPad 的文件应用以及 iCloud 网页访问这些文件。

想要通过 iCloud 同步桌面文件，需要在系统偏好设置窗口中单击 iCloud 图标，勾选 iCloudDrive，然后单击右边的选项按钮，勾选桌面与文稿文件夹复选框并确定，如下图所示。之后，在访达窗口左侧的边栏中，就可以看到一个 iCloud 分组，其中列出了桌面和文稿两个文件夹。

需要注意的是，iCloud 免费版只提供 5GB 的容量，所以尽量不要把大文件（如视频）放在桌面上，不然存储空间一下子就满了。如果你开着手机热点的话，这还可能会让你的流量瞬间就用完。如果需要更多容量，可以在 iCloud 窗口中单击右下角的管理 ... 按钮，在打开的界面中选购更高容量的方案。

只同步部分内容

在默认情况下，iCloud 会同步照片、邮件、通讯录、日历等各项内容，对于每一项内容，都可以在 iCloud 的偏好设置中分别选择是否对其进行同步。在 iCloud 容量有限的情况下，取消照片的同步是一个节约空间的好主意。对于多数用户来说，脚本编辑器、自动化操作等高级功能也不常用，因此也可以不同步这些内容。

1-3 程序坞

屏幕下方的程序坞是使用 macOS 时最常用的功能，它用于摆放当前正在运行的应用程序图标和一些常用的应用程序快捷启动图标。在系统偏好设置页面中，仅列出了调节程序坞的尺寸、位置、放置效果等选项，实际上，还可以对程序坞进行更加细节化的自定义设置。这些设置需要通过 macOS 上另一个强大的工具——终端（Terminal）完成。下面介绍几个通过终端进行程序坞个性化设置的技巧。

　　终端看起来就像电影中电脑高手的武器，但它其实并不神秘，普通用户也可以轻松使用它。打开终端以后，可以看到一个黑色的窗口，在闪烁的光标处可以输入字符，在其中输入命令并按回车键确认，就可以直接让 Mac 运行相应的任务。

添加空格来给图标分组

　　当程序坞塞满了图标时，查找起来很不方便，不妨用空白占位符（空格）来给图标分组。可以在 Pages 文稿、Number 表格、Keynote 讲演左右各放置一个空白符，以起到分隔的效果，如下图所示。

　　在启动台（LaunchPad）或聚焦（Spotlight）中输入 terminal，可以打开终端。在终端输入如下内容，即可在程序坞的分隔线之前的应用程序区添加空白占位符。

```
defaults write com.apple.dock persistent-apps -array-add
'{"tile-type"="spacer-tile";}'; killall Dock
```

　　如果要在分隔线之后的堆栈区添加空白占位符，则需要在终端中输入如下内容。

```
defaults write com.apple.dock persistent-others -array-add
'{tile-data={}; tile-type="spacer-tile";}';killall Dock
```

　　用鼠标光标拖动空白占位符，即可调整其位置；在空白占位符上打开右键菜单，选择从程序坞中移除命令即可将其删除。

半透明隐藏应用程序

　　当程序坞上的图标很多时，怎样知道哪些应用程序是在前台、哪些应用程序是在后台运行的呢？

　　当打开一个应用程序时，单击菜单栏上的应用程序名称，在弹出的菜单中选择隐藏此应用，或按 Command+H 组合键可隐藏应用程序窗口。但在程序坞上不能展示出哪个程序被隐藏了，如果想直接从程序坞上找到被隐藏的程序，可以在终端中运行以下代码，这样，被隐藏的程序就会以半透明的形式展示出来，一目了然。

```
defaults write com.apple.dock showhidden -bool TRUE; killall
Dock
```

　　如果要恢复为默认设置，只需要在终端中运行如下代码即可。

```
defaults write com.apple.dock showhidden -bool FALSE; killall
Dock
```

添加隔空投送

通过隔空投送(AirDrop)功能可以在 Apple 设备之间很方便地传输文件等项目。在 macOS 上使用隔空投送，一般需要在文件的右键菜单的众多选项中依次选择分享→隔空投送，或是打开访达窗口，在左边栏中选择隔空投送，并不是十分方便。

隔空投送其实是一个系统内置的应用程序，如果要经常使用，不妨把它放置在程序坞上。在访达窗口中按下 Shift+Command+G 组合键，会弹出前往文件夹...窗口，在其中输入路径 /System/Library/CoreServices/Finder.app/Contents/Applications/ 并按回车键确认（在输入每一级文件夹名称的过程中，只需要输入前几个字母，再按 Tab 键，系统可以自动补全文件夹名称），把其中的隔空投送图标拖放到程序坞上，下次使用时就可以直接单击来启动它了。

添加文件至邮件

macOS 提供了丰富的拖放功能，把文件拖放到程序图标上，就可以直接用此程序打开该文件。借助这个功能，可以使拖放操作更加便捷。如果要把文件作为附件添加到一封新邮件中，不需要打开邮件应用程序新建邮件再添加附件，而是可以直接把文件拖到程序坞中的邮件图标上，直接新建一封以此文件为附件的邮件。也可以把在其他程序中选中的文字拖放到邮件图标上，此时就新建了一封以相应文字为正文内容的新邮件。

添加最近使用

最近使用过的项目也可以自动列在程序坞上，这样，刚刚关掉的程序就可以直接通过程序坞快捷启动了。

要开启这个功能，只需在终端中运行如下内容。

```
defaults write com.apple.dock persistent-others -array-add '{
"tile-data" = { "list-type" = 1; }; "tiletype"= "recents-tile"; }';
Killall Dock
```

运行完成后，在程序坞中会出现一个 Recent Applications 图标，如下图所示。

如果要删除这个图标，直接在图标上唤出右键菜单并选择移除项目即可。

一键添加文件

为了更快地访问某个常用程序或常用文件、文件夹，可以把这个项目固定在程序坞上。除了拖放图标的方式，还有一种更快的方式可以完成这一操作。

选定某个或某几个程序、文件、文件夹，按 Shift+Ctrl+Command+T 组合键，这时可以看到这些选定的项目会被直接添加到程序坞上。如果你正在使用外接显示器，这个技巧能帮你避免执行距离超长的拖放操作。

1-4 菜单栏

位于屏幕最上方的菜单栏是 macOS 中最重要的一个部件，其左边列出的是当前活动的应用程序的各项菜单，右边列出的则是一些正在运行的应用程序图标和系统图标。本节介绍几个与菜单栏相关的小技巧。

整理图标

不少应用程序都提供了菜单栏小工具图标，但是如果菜单栏右侧列出的图标过多的话，不仅屏幕看起来很乱，要用的时候也容易点错。直接按住它们进行移动是不行的，我们需要先按住 Command 键，再用鼠标进行拖动，这样就可以移动它们的位置了。除了调整位置，也可以直接把图标拖到菜单栏外面来删除它们，以给菜单栏腾出一点空间。

一键进入勿扰模式

菜单栏最右边是通知中心图标，单击它以后，在屏幕右侧的通知中心里会列出收到的各个通知条目。移动光标至其界面上再用两根手指向下划动，会出现两个开关，分别是夜览和勿扰模式，如右图所示。

打开勿扰模式以后，系统收到的通知仍然会被收纳在通知中心中，但收到时并不会在屏幕右上角弹出提醒消息。当我们集中注意力进行工作时，勿扰模式可以使我们不受提醒消息的打扰。

每次要打开勿扰模式都经过如上步骤的话未免有些烦琐，其实还有一种更快捷的方法用于一键切换至勿扰模式：按住 Option 键，再用鼠标在菜单栏上单击通知中心图标，可以看到图标变成了灰色，这表示系统已经切换到了勿扰模式。

以后当通知响个不停打搅你工作时，就一键让通知中心"消停"吧。

1-5 多任务

当同时打开了很多个窗口的时候，一个屏幕的空间就有点捉襟见肘了，特别是边写文章边查询资料、边修图边整理素材时，很容易觉得一块屏幕根本不够用，窗口层层叠叠的，用起来很不便。

此时，可以通过打开调度中心页面来新建虚拟桌面，合理分配应用程序窗口。

通过按键盘上的 F3 键（调度中心键），可以打开调度中心页面。此时，所有当前打开的窗口都会互不遮挡地排列在屏幕上，以方便用户切换窗口，如下图所示。

在屏幕上方出现的是桌面列表，单击边上的加号窗口，就可以新建一个窗口。也可以新建一个空白的桌面。

例如，可以在一个桌面上展示工作用的窗口，在另一个桌面上展示娱乐用的窗口；也可以在一个桌面上展示"工作一"的窗口，在另一个桌面上展示"工作二"的窗口。

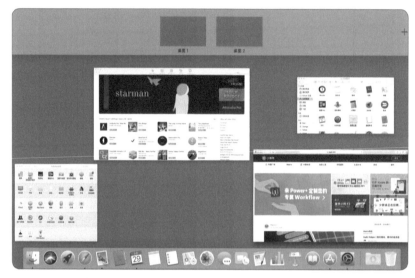

可以通过在触控板上三指横向平移来在不同的桌面之间进行切换，也可以通过 Ctrl+ ← 和 Ctrl+ → 组合键进行切换。

小提示：不同的桌面可以设置不同的壁纸，让你在工作中切换心情。

开启多桌面以后，在各个桌面之间移动窗口就成了家常便饭。下面的几个技巧可以让你轻松移动窗口。

◎ 把窗口拖至屏幕上方可以直接唤出调度中心页面，此时再把窗口直接移动到桌面列表中即可。也可以把窗口移动到新建桌面的图标上或桌面列表中的空白区域，这样就把窗口移动到了一个新建的桌面上。

◎ 按下调度中心键，也可以直接在其中进行上述操作。

◎ 使用触摸板按住窗口标题栏，再按下 Ctrl+ ← 或 Ctrl+ → 组合键，也可以把窗口移动到相应的桌面。

1-6 学会鲜为人知的输入技巧，输入快人一步

macOS 自带的输入法似乎总是大家吐槽的对象，功能少、词库不够丰富、联想不够智能……比起功能全面的国产输入法，原生输入法第一眼看上去几乎可以用简陋来形容。

但别小看了它，经过几年的更迭，macOS 自带的输入法已经越来越好用了，而且界面保持了难得的简洁。而且，毕竟是原生工具，隐私泄露方面的风险也少一些。

本节就教你如何用 macOS 自带的输入法又快又准地输入文字。

简体拼音的输入技巧

在打字时，你是不是有过怎么也找不到想要的字词的经历？其实，使用特殊搭配的组合按键可以让你快速找到想输入的中文字词。我们为你整理了以下简体拼音输入技巧。

提高选词速度：使用↓ +]组合键让候选词显示框展开并向下换行，使用↑ +[组合键让候选词显示框向上换行或收起，如下图所示。

切换选词方式：候选词显示框展开后，可以使用 Tab 键借助词频、部首等条件来筛选词语，如下图所示。

输入生僻字词：我们可能记得不少字怎么写，但是忘了这些字怎么读，此时可以使用拆字功能，输入汉字的组成部分即可找出需要的文字，如下图所示。

按笔画输入：对于不认识的词语，还可以输入字母 U 作为开头，再按照横、竖、撇、捺、横折等笔画顺序输入，如下图所示。横、竖、撇、捺、横折对应的按键分别是 H、S、P、N、Z。

输入省略号的正确方式：你是不是还在用 6 个西文句号（.）来当省略号？这样既麻烦又不规范，下次还是直接用 Shift+6 组合键输入省略号吧，如下图所示。

删除不需要的常用词：有时打错了一个词语，输入法却记住了它，系统每次都会弹出一个错误的建议，让人非常心烦。在候选词显示框显示时，可使用 Shift+Delete 组合键删除输入法记忆的用户常用词。

按声调选词：据说对于外国友人而言，汉语的声调是最难掌握的，其实我们自己在打字的时候，不同声调的候选词堆在一起，选起来也不方便。好在对于拼音字母完全相同的词语，可以使用 Tab 键或 Shift+Tab 组合键来按声调筛选词语的第一个汉字，如下图所示。

快速输入大写英文字母：在进行汉字和英文单词混合输入时，可按住 Shift 键输入大写英文字母，如下图所示。临时需要输入人名、专有名词、缩写时，这个技巧比较方便，不用特意切换到英文输入法。

使用大写锁定键切换中、英文输入模式

在 macOS High Sierra 之后的系统中，按一下大写锁定键默认为切换至大写英文字母输入模式，但我们一般不需要输入那么多大写字母，不如把大写锁定键的功能换成中、英文输入模式的切换键，这更符合我们混合输入中、英文时的习惯。

在系统偏好设置 →键盘 →输入法中，勾选使用大写锁定键切换"ABC"输入模式，如下图所示。这样，在进行中文输入时，按下大写锁定键就可以立刻切换成小写英文字母的输入状态，如果想输入大写英文字母，则按住 Shift 键再输入字母，或者长按大写锁定键再进行输入即可。

1-7 一劳永逸地配置文本替换，输入常用短语无比迅捷

像手机号码、收货地址等又长又难记的文本，你是怎样输入它们的呢？如果每次都去通讯录里面查找、复制、粘贴，未免太麻烦了。

借助 macOS 的文本替换功能，我们可以仅输入几个字母，就能得到一长串的汉字。例如长长的收货地址"深圳市宝安区新安六路众里创业社区 411"，我们只需要输入"dz"（"地址"拼音的首字母）就可以让它在输入法候选词中出现。

文本替换功能可以为我们省去大量重复输入的工作，也是本书后面介绍的大量技巧的基础之一，你不需要背下长长的命令，也能像电影中的电脑高手那样轻松操控 macOS。

在 macOS 的系统偏好设置→键盘→文本中，我们可以添加自定义的文本替换方案。在窗口的输入码一栏输入短语的快捷键，在右侧的短语栏输入完整的短语，这样一条文本替换方案就生效了，如下图所示。

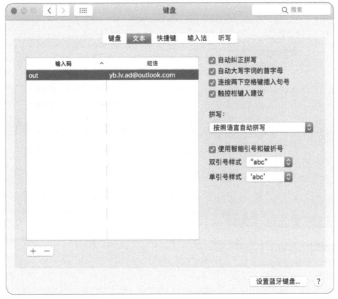

对于以下几类短语，可以使用文本替换功能在 macOS 中快速输入，以节约打字时间。

个人信息

输入个人信息是文本替换最普遍的应用场景，学会这个技巧，下次可别再去通讯录翻号码和地址了。

◎ 把 132 作为手机号码 13212341234 的输入码，如下图所示。

◎ 把 sfz 作为身份证 330111199012216666 的输入码。

◎ 把 outad 作为邮箱地址 name@outlook.com 的输入码。

◎ 把 dz 作为地址文本"深圳市宝安区新安六路众里创业社区 411"的输入码。

我的电话号码是：132

13212341234　✕

常用短语

◎ 特殊的地名，如用 pengbu 作为常用的地铁站名"彭埠"的输入码，免得填快递单时还要折腾半天。

◎ 专有名词，如用 mbp 作为 MacBook Pro 的输入码，如下图所示。

◎ 流行语，如用 cnzd 作为"瞅你咋的"的输入码，以后聊天时你就是打字最快的人了。

mbp

1 MacBook Pro　2 慢半拍　3 面包片　4 鸣不平　⌄

特殊字符

出于学科、专业的需求，或者仅仅为了好玩，我们时不时也会遇到特殊字符。利用文本替换，不需要任何第三方工具就可以快速输入这些特殊字符。

◎ 把 aerfa 作为希腊字母 α 的输入码。

◎ 把 yuanyi 作为圆圈序号①的输入码。

◎ 把 rmb 作为人民币符号￥的输入码，如下图所示。

◎ 把 cmd 作为 macOS 特殊字符 Command 的输入码。

r m b

1 人民币　2 ￥　3 软妹币　4 认命吧　5 RMB　6 人民　⌄

macOS 中的文本替换列表还可以分享给他人，操作也很简单。在系统偏好设置→键盘→文本中，部分选中或全选文本替换方案，然后直接拖动到桌面，就能生成一个后缀为 .plist 的文件。其他人如果要使用这个文件，只要将这个文件拖动到他的 macOS 的文本替换列表就能自动导入，并且是增量添加，不会出现重复添加的情况，也不怕把原来的列表搞乱。

1-8 利用快捷键高效控制 macOS

也许你常常从电脑高手的口中听到快捷键这个词，而我们最常用的可能只有 Command+C 组合键和 Command+V 组合键这一对快捷键组合。其实，macOS 上的其他操作也可以用快捷键来实现，加速你操控 macOS 的速度。

用 Tab 键切换选项控件

如果你使用过 Windows，可能已经习惯了使用 Tab 键来切换页面中的选项控件，从而避免慢吞吞地移动光标去单击。但在 macOS 中，这个操作默认是关闭的，需要我们手动打开。

依次打开系统偏好设置→键盘→快捷键，随后选中全键盘控制：在窗口和对话框中，按下 Tab 键在以下控制之间移动键盘焦点，下的所有控制单选按钮，如下图所示。

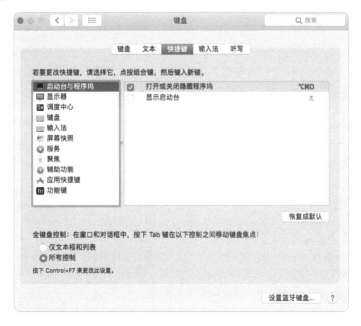

还需要注意的是，选项控件还分为默认选项（如下图中蓝色背景的好按钮）和键盘焦点（下图中用蓝色方框标明的恢复成默认按钮）两种。对于默认选项，我们要使用回车键来确认选中，而对于键盘焦点，则要通过空格键来确认选中，就和

打字时用空格键一样。

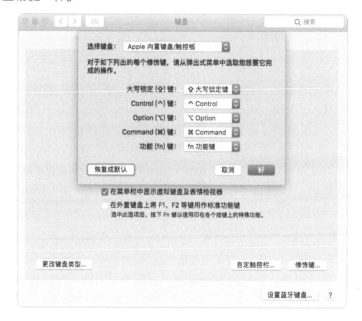

没有原生快捷键？没关系，我们可以自行创建。

尽管 macOS 的系统功能（菜单命令）都有相对齐全的快捷键，但是我们还是会遇到常用的功能没有对应快捷键的情况，这时我们完全可以给该功能自行创建快捷键。除此之外，在不同的应用程序里，同样的功能所使用的快捷键也不一定相同，为了统一操作，我们也可以将这些快捷键强制统一。

我们以 Numbers 中的"将文件导出到 Excel"这个功能为例，介绍如何为应用程序创建快捷键。

首先，需要确认这个功能对应的菜单命令的准确路径。在 Numbers 中，可以查看到这个菜单命令位于文件 –> 导出到 –>Excel... 中。文件为该命令的一级目录，导出到为二级目录，以此类推。

接下来，我们依次打开系统偏好设置→键盘→快捷键，选择应用快捷键，单击 + 开始创建快捷键。在下拉式的应用程序列表中，我们选择 Numbers 表格；在菜单标题中我们输入"文件 –> 导出到 –>Excel..."；在键盘快捷键中，我们可以同时按下 Command 键和 E 键作为它的快捷键；最后单击添加按钮，自定义快捷键就完成了。这时我们再打开 Numbers 就能看到这项命令旁边已经显示了快捷键，如下图所示。

明确创建快捷键中的几个注意事项：

① 如果新建的快捷键已经被其他菜单命令使用，那么新建的快捷键是无效的。

② 如果菜单命令已有快捷键，可通过创建新的快捷键的方式强制修改快捷键。

③ 在菜单标题栏中输入想要为其创建快捷键的命令时，输入的内容必须与该命令在应用程序中所显示的内容完全相同，命令分级和 > 字符都用 -> 表示，省略号为不含空格的三个西文句号，或通过 Option+; 组合键来输入□

④ 如果你的 macOS 系统使用英文，那么在自定义快捷键时，菜单标题也必须用英文输入。

快捷键之王，统领所有菜单命令的快捷键

除了为菜单命令创建快捷键，我们也可以使用一个特殊的快捷键来快速调用应用程序的所有菜单命令。只要一个应用程序的菜单里有你想用的命令，就算你对这个命令的名称描述得不太准确，也可以用这个快捷键调用该命令。

这个特殊的快捷键被誉为"快捷键之王"，它就是 Shift+Command+/ 组合键，它的功能是打开菜单命令中的帮助并开始搜索。接着你可以直接输入任一菜单命令的名称，在搜索结果中找到菜单命令，按下回车键就能使用该命令。

我们还是以"将 Numbers 表格导出为 Excel"为例。在 Numbers 表格中，我们按下 Shift+Command+/ 组合键，输入导出，Numbers 表格会自动弹出与导出功能有关的菜单命令，我们用方向键定位导出到→ Excel... 的同时，菜单命令的具体位置也会同步显示，并用显眼的蓝色箭头标示，要避免出现因应用程序内命令被重命名而无法匹配的情况。最后按下回车键，"导出为 Excel"的设置页面就被打开了，如下图所示。

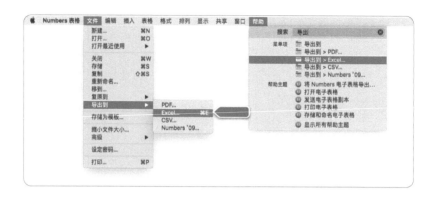

1-9 搜索也有大学问

Spotlight 可能已经是很多 macOS 用户最常用的功能之一，搜索文件、计算结果、转换单位等一些简单的操作都能用 Spotlight 来快速完成。不过，Spotlight 还隐藏了一些进阶技巧，学会这些技巧能让 Spotlight 更加好用。

使用 Spotlight 进行搜索的快捷键

使用 Spotlight 进行搜索的快捷键是 Command + 空格键组合键，当我们按照关键词搜索到想要的文件时，可以直接按下回车键打开文件，但是如果想要对这个文件进行其他操作，可以试试下面几个快捷键。

查看文件位置：在 Spotlight 的搜索结果中选中文件后，按下 Command 键可以查看该文件所处的位置，以便在同名文件中准确打开我们想要的文件，如下图所示。

打开文件所处文件夹：在 Spotlight 搜索结果中选中文件后，按下 Command+R 组合键或者 Command+Return 组合键，可以直接打开文件所处的文件夹。

用 Safari 搜索：在 Spotlight 搜索框中输入想要搜索的内容以后，按下 Command+B 组合键可直接打开 Safari 并填充搜索内容进行查询。

直接复制文件：在 Spotlight 搜索结果中选中文件后，按下 Command+C 组合键可以直接复制该文件。

使用 Spotlight 进行高级搜索的技巧

在使用 Spotlight 进行搜索时，我们可以使用多种命令来筛选搜索结果，更高效、更准确地获取信息。使用搜索语法能让我们在 Spotlight 和访达中搜索时，缩小搜索范围。

按照项目类型进行搜索：我们在使用 Spotlight 进行搜索时，搜索关键词对应的结果可能会包含通讯录、日历事件、邮件、文稿等内容，而我们真正想要查找的可能只是文稿，那么就可以通过指定项目的类型来进行搜索筛选。

我们可以在搜索项目的结尾添加"文本种类：项目类型"来指定搜索结果的类型。项目类型关键词包括应用、通讯录、邮件、事件、图像、影片、音乐、设置等。例如，搜索"少数派"文件夹时，可以通过在 Spotlight 中输入"少数派 种类：文件夹"，此时，搜索结果中只会包含和"少数派"有关的文件夹，和"少数派"有关的日历事件、邮件等均不予显示，如下图所示。

利用文本替换功能，我们还能将搜索的效率再提升一个台阶。我们可以用 zl 作为"种类："的输入码，这样输入项目类型能够更加快速。

使用多个关键词来查找项目：除了最常用的以项目标题名作为搜索关键词，还可以使用多种类型的关键词来查找项目。比如，发件人、作者、标签、标题、名称、包含等，都可以用来作为筛选项目的关键词。若要使用关键词，我们需要在关键词后面加上一个冒号，然后输入要查找的内容，如下图所示。

另外，使用布尔运算符与（AND）、或（OR）和非（NOT）也可以限定搜索结果，在搜索时使用负号（—）还能用来排除项目，避免干扰。

快速定位搜索结果：在 Spotlight 的搜索结果中，我们可以通过 Command+↓ 组合键或 Command+↑ 组合键，在搜索结果中快速跳过某个项目种类进行定位。

1-10 Siri 的神奇作用

用 iPhone 中的 Siri 设置一个闹钟或者提醒事项是非常便捷的，相比而言，Mac 中的 Siri 好像用武之地就少了很多，还有用户觉得对着电脑说话有些不自在。

不过，以下几条 Siri 的实用技法可能会让你喜欢上对着 Mac 下达语音指令。

Siri 也有快捷键

Siri 的快捷键是 Command + 空格键组合键，对于爱用快捷键的人士来说十分友好，不过要额外注意的是，它的操作是同时按住 Command 键和空格键，而不是按一下。

我们也可以在系统偏好设置→ Siri 中更改它的快捷键。另外，在公共场合使用 Mac 时，我们可能不希望 Siri 发出让人尴尬的语音反馈，那么单击语音反馈选项的关闭单选按钮就可以让 Siri 静音，如下图所示。

用键盘与 Siri 交互

在办公室里使用 Mac 时，用语音和 Siri 进行交互可能不是明智的选择，这多少会打扰别人，这时我们可以使用键盘来让 Siri 帮我们做一些小事情。我们可以在系统偏好设置→辅助功能 → Siri 中勾选启动"键入以使用 Siri"复选框，如下图所示。这样我们就可以通过用键盘输入文字的方式来和 Siri 对话。

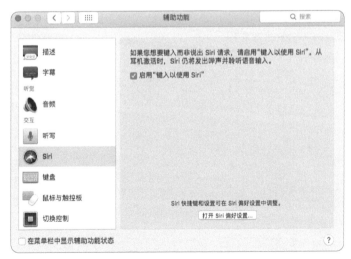

启动键入功能后，Siri 语音界面变成了对话框，直接输入文字就可以开始和 Siri 对话，如下图所示。

Siri 的实用命令

在 Mac 上使用 Siri 有哪些实用的命令呢？笔者推荐以下几条。

① 查询天气信息。如果想要查阅本地的天气情况，我们只要对 Siri 发出天气指令即可。至于其他城市的天气，可以使用城市名称 + 天气。另外，如"今天会下雨吗"等口语化的指令，Siri 也是能够听懂的，我们可以直接使用。

② 查询世界时间。想知道身处异国的朋友是不是在睡觉，需要查阅他所在城市当前的时间，我们可以使用城市名称 + 时间进行查询。

③ 系统控制。对于打开蓝牙、关闭 Wi-Fi，还有调大音量或亮度等操作，我们完全可以使用 Siri 来进行，而不必打开系统偏好设置窗口或者在系统状态栏上折腾。对应的 Siri 命令分别是打开 / 关闭 + 蓝牙 /Wi-Fi、调大 / 调小 + 音量 / 亮度。

④ 查询单词怎么拼。如果你一下子想不起来某个单词的拼写，用语音问问 Siri 是个不错的选择。直接说"Hey，Siri，spell+ 单词"即可。

第 2 章

macOS 高效办公

　　办公这个词听起来可能让人觉得没劲，似乎接下来我们将要看到就是成堆的文档和填不完的报表。其实事情完全可以变得很轻松。

　　你在演示 PPT 的时候，有没有想过可以用 iPhone 遥控操作，而不必把自己限制在电脑前面？你在制作报表的时候，是否知道其实可以利用"智能填充"一次性填好成百上千行数据？甚至，即使不在自己的电脑前，只需一个浏览器你就可以打开存储在 iCloud 中的办公文件。

　　用 macOS 进行办公就是这么简单。这一章的技巧将帮助你把精力集中在最具创造性的工作上，和重复、枯燥的操作说再见。

2-1 用 iCloud 云盘分享文件

平时分享文件给朋友，最怕的就是遇到链接失效、文件太大不能上传、需要注册新账号才能下载等情况。其实对于 macOS 用户来说，不需要安装第三方网盘软件，系统自带的 iCloud 云盘就可以完成分享文件的操作。

iCloud 的分享功能支持分享个人 iCloud 云盘中任意类型的文件，最高支持50GB 大小的文件，满足日常使用绰绰有余。

分享链接供他人下载

若你有一个文件，想要发送给别人一个下载链接，可以按照以下步骤操作。

首先，用鼠标右键单击云盘中待分享的文件，选择共享 → 添加用户，如下图所示。

单击添加用户后会弹出如下窗口，你可以选择用邮箱、链接、微信等形式将下载链接发送出去。值得一提的是此窗口下方的共享选项设置，若你希望任何收到链接的人都可以下载，但是不想让他们随意修改你的原始文件，可以将共享选项设置改为任何拥有链接的用户和仅查看。

收到下载链接的人会看到如下页面，系统允许他们将文件保存在自己的 iCloud 云盘或者直接下载。单击下载副本选项即可下载你发送的文件。

在朋友下载好文件之后，你可以把文件删除，以免占用 iCloud 云盘的空间。

分享链接供他人共同编辑

除了发送链接让他人下载，有时你可能会期望和别人共同编辑某个文件，如文档或幻灯片等，如果对方需要修改几处小地方，那么也可以为对方提供在线编辑的权限，以避免来回传送文件，省时省力。

这时候你可以使用 iCloud 共享的另一个功能：合作编辑。首先选择共享 → 添加用户，然后将共享选项改为仅限于受邀用户和可更改，如下图所示。

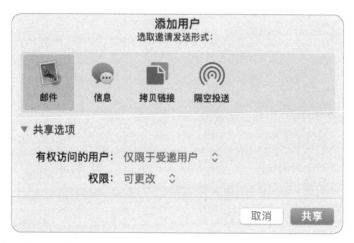

这时候，收到这个链接的人将不会看到下载选项，而会直接收到合作请求，如下图所示，输入名字即可开始合作编辑。

注意事项

有些时候,你可能会发现 macOS 上的部分文件没有添加用户选项,如下图所示。别慌，我们来分析原因，然后解决问题。

第一个原因是你在试图分享一个文件夹，而不是单个文件，这时在分享菜单里不会出现添加用户选项。解决办法是用鼠标右键单击这个文件夹，单击压缩命令，再次用右键单击压缩好的文件，这样就可以看到添加用户选项了，如下图所示。

第二个原因是你在试图分享不在 iCloud 云盘里的文件。macOS 上的文件有两种保存方式，一种是只存储在本地，另一种是在本地和云盘同时存储。iCloud 云盘的分享功能只能用于分享存储在云盘中的文件。遇到这类无法分享的本地文件，解决办法是将待分享的文件从本地拖到 iCloud 云盘文件夹中，如下图所示。访达窗口中 iCloud 下的所有文件夹都支持分享。

如果遇到不能分享的情况，可以根据以上描述进行排查，基本就能保证 iCloud 文件顺利分享。

2-2 用 iWork 与他人协作

iWork 指的是 macOS 的工作三件套——Pages、Keynote 和 Numbers，它们以免费、轻便、易用著称，但是你也可能听到有人抱怨 iWork 的兼容性不好，很难和朋友一起协作。

实际上，iWork 自带了协作功能，不需要依赖特定的操作系统，不仅 macOS 用户之间可以轻松合作，Windows 用户也能加入协同编辑中来。

如何用 iWork 协作

找到并单击协作按钮，这个按钮一般是工具栏上的一个人形图标，如下图所示，如下图所示。

在弹出的添加用户窗口中，选择你希望发送邀请的形式，如邮件等，单击共享按钮即可。有时你可能希望对方只能查看、不能修改，这时可以根据实际需求修改共享选项，如下图所示。

当开启协作以后，你可以根据文档中的颜色来判断谁正在编辑文档中的哪一部分，如下图所示，再也不用跑到微信群里问"刚才是谁把第一段删了"。

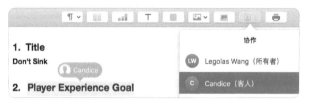

如何与 Windows 用户协作

macOS 用户一股会使用电脑自带的 iWork 办公套件，它们的文件直接保存在 iCloud 中，用户可以方便地在 iPhone、iPad 上打开、编辑。但是，如果身边只有安装了 Windows 的计算机，又急需查看或编辑这些文件，该怎么办？

教你一个应急的办法，只要有浏览器、网络，就能打开 iWork 文件。

打开 iCloud 网站并登录，进入下图所示的启动台界面。

单击其中的图标就能打开 Pages 文稿、Numbers 表格、Keynote 讲演等应用程序。

以 Pages 文稿为例，打开后可以看到所有保存在 iCloud 中的文稿，并可以直接进行编辑，如下图所示。

在这里创建的新文稿也会默认保存到 iCloud 中，在登录相同账户的 macOS 中打开 Pages 文稿就可以看到。

此外，当鼠标光标移动至文件上方或直接单击选中文件时，其右下角会出现一个黑色图标。单击后可以看到下图所示的菜单。可以在这里下载该文件的 Pages 、PDF、Word 和 ePub 等格式的文件到当前电脑中，也可以进行复制、删除、与其他人协作等操作。发送副本功能则可以将 Pages 、PDF、Word 和 ePub 等格式的文件直接通过 iCloud 邮件发送给其他人。

如果想要切换至 iCloud 中的其他应用程序，可以单击左上角的 iCloud Pages 文稿以显示应用程序菜单，然后进行选择，如下图所示。

macOS 版 iWork 应用程序所具备的功能，iCloud 版基本都包含，但也有一些限制，包括：

◎ 打开文件的体积最大为 1 GB。

◎ 添加的图片的体积每张最大为 10 MB。

◎ 共享文稿最多可供 50 人查看和编辑。

对于临时编辑和查看，这些功能已经足够了。

iWork 协作的常用功能

现在的文件处理和以往的有所不同，很多时候需要很多人同时编辑一份文件，无论是幻灯片、数字表格，还是普通文稿，iWork 上有几个重要功能可以帮助你，比如修改追踪和批注。

在团队合作处理一份文件时，你可能希望实时看到每个人具体做了哪些修改，这时候可以使用修改追踪。修改追踪是一个非常实用的文件审核功能，它会记录开启追踪功能以后对这份文件的所有修改，在合作模式下还会记录所有人所做出的修改请求，如下图所示。值得注意的是，在合作模式下，只有合作文件的发起者可以决定是否采纳修改建议，避免文件被随意改动。

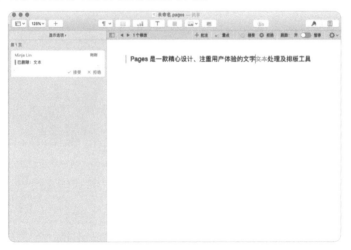

若团队中有人意见不合、需要对文件的某个部分进行讨论，或者你需要给文件做一些标注以便以后重新思考，都可以使用批注功能。你可以在想要标记或修改的地方定住光标，然后单击插入 → 批注菜单命令，与你合作的人可以看到你的批注并添加回复，如下图所示。

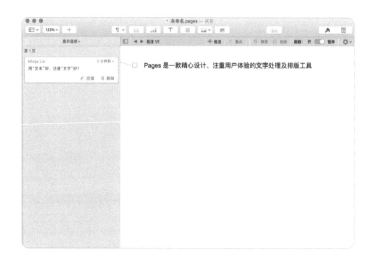

2-3 Numbers 交互式图表

如果想让你的表格更加出众，交互式图表是不应该错过的功能。

想象一下，你正在给上司做工作报告，只需要在报告中单击几下鼠标，就能调出任何一个月的业绩，而不是一下子把一整年的数据都丢到上司面前，领导是不是会很满意呢？善用交互式图表，可以呈现出最重要的数据，而把暂时用不到的数据放到一边，让你的数据重点突出。

如何制作交互式图表

与静态图表不同，交互式图表擅长显示当前数据与之前某个节点的数据对比所产生的变化。它允许用户手动选择不同的时期，使得用户展示数据的时候更加灵活，想展示哪部分就展示哪部分，如下图所示。

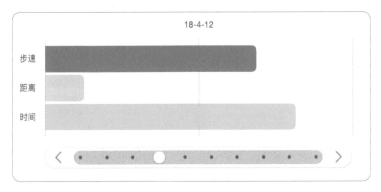

还是以上面这张图为例，现在我希望制作一张交互式图表，允许手动选择不同的日期并观察每天运动的时间、距离、步速相较于其他日期有什么变化。依次单击图表 → 交互式图表，在前页插入一个交互式图表。单击交互式图表下方的编辑数据引用按钮，把日期作为互动轴，把时间、距离、步速作为显示轴即可。交互图表制作完成后可以通过拖动横轴上的滑块，动态地查询数据每天的变化，如下图所示。

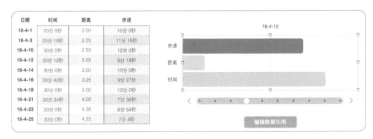

如何向他人展示交互式图表

当你制作完交互式图表之后，可能会发现它的局限性。常见的 PDF 格式是不支持交互式图表的，因此，分享交互式图表基本被局限在了 iWork 中。一般来说，我倾向于在 Numbers 中创建交互式图表，在展示时依次单击显示→隐藏工具栏隐藏全部界面，然后展示图表内容，如下图所示。

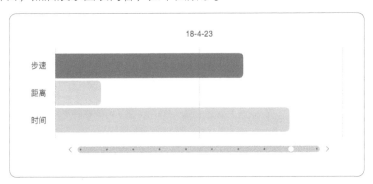

可以把使用 Numbers 制作好的交互式图表直接粘贴到 Keynote 中，交互式图表可以让你在演讲中与观众进行互动。

以后给别人展示数据的时候，你就可以轻松地调出任意日期的数据，并把数据用易懂的图表呈现出来。

2-4 Numbers 函数

在小时候的计算机课上，我们就用过表格工具里的函数功能。函数其实就是一个算式，可以根据给定的数据生成新数据，统计总价、计算利润率都是最常见的应用。有了函数，就可以避免许多机械而重复的运算，只需要输入一次算式，Numbers 就能帮我们计算好其他数据。

Numbers 内置了超过了 250 个函数，包括日期和时间、工程、逻辑和信息、引用、文本、时间长度、财务、数字、统计等类别，应用场景非常广泛，如下图所示。

如果要插入一个新函数，依次单击插入 → 新建公式，如下图所示。这表示你希望使用当前选中的单元格来显示公式的结果。如果你是一位全键盘操作的爱好者，也可以直接在单元格里面输入等号（＝），然后能看见一系列公式。

选择新建公式后，在当前单元格中会出现一个空白公式。

比如，如果需要计算一堆数据的平均值，就可以在右侧的函数列表中选择统计 → AVERAGE → 插入函数。寻找函数的思路是，首先判定所需函数的类型，比如需要一个平均数函数，那就在函数列表的左栏选择统计。接下来在右栏对照英语名称查看每个函数的中文释义，找到所需要的函数。若你对英文不太熟悉，可以查看 Numbers 帮助文档中中文显示的函数列表，如下图所示。

函数插入完成后，你会发现这个求平均数的函数需要你提供一些数值，直接在表单中选择数据源即可，如下图所示。选数据的时候如果不小心选错，Numbers 可能会发出"嘟嘟"的提示音，此时按几下 Esc 键就能取消选取。

最后，澄清一个常见的误解。有些人可能会认为，使用函数时必须绑定某一个表格，其实完全不必。比如在下图中，平均步速、最快步速等均是利用函数计算得出，但所得数据被归纳在一个新的表格中。函数只要求你选择数据来源，并不要求数据来源一定和放置结果的单元格处于同一表格内，实际使用的时候可以非常灵活地选择数据来源。

平均距离（英里）	平均跑步时间	平均步速 / 英里
3.19	28分 40秒	9分 21秒
总距离（英里）	最远距离（英里）	最快步速 / 英里
31.85	4.35	6分 54秒

2-5 Numbers 静态表格

在多数人的印象里，表格就是条条框框分明的一堆单元格，相信没有多少人喜欢这样冷冰冰的数据。用各种样式的图表可视化地呈现数据，能让人一眼就看懂数据背后隐含的信息。

学会这一节的 Numbers 技巧以后，你的图表也能有"一图胜千言"的效果。

在工作表中放置多个表格

打开 Numbers，你会发现在工具栏的正下方有很多工作表名称，如下图所示，其存在的主要目的是帮助文件归类。以一个游戏的美术需求表为例，你可能需要设置人物建模、环境建模、建筑建模、交互建模等大类，每个大类的内容就很适合放在不同的工作表中呈现。若你需要更多的类别，可以单击左边的加号来新增更多的工作表。

| ＋ | 角色 | 水果模型 | 环境模型 |

你也许会问，在一张工作表中只能添加一张表格吗？答案是否定的，你添加多少张表格都没问题。你可以将一张工作表想象成一张没有边界的空白画布，等着你用无数内容来填充。

以下图所示的预算工作表为例。在这张工作表中，实际存在三个小表格，分别是：收入金额、支出金额和剩余金额。善用 Numbers 的工作表与表格机制，可以帮助你归纳、整理文件。

预算

收入金额	
薪水	¥6500.00
额外收入	¥0.00
总收入	¥6500.00

支出金额	
住房	¥2000.00
杂货	¥500.00
交通	¥300.00
饮食	¥1500.00
教育	¥1000.00
总支出	¥5300.00

剩余金额	
收支差额	¥1200.00

移动、添加行和列，调整行和列的大小

表格添加完成后，你想做的第一件事情可能就是调整表格的行数、列数和位置来匹配实际需求。单击表格的任意位置来选中表格，注意观察下图，你会发现表格的四个顶角分别出现了一个圆形控制按钮。单击左上角的按钮可以移动单元格在工作表中的位置，向左、右拖动右上角的按钮可以增、减表格的列数，向上、下拖动左下角的按钮可以增、减表格的行数，向任意方向拖动表格的右下角的按钮可以同时增、减行数及列数。

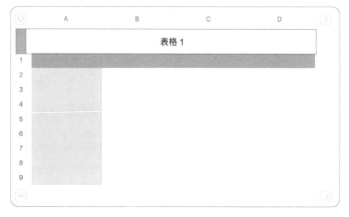

若你想要只编辑某一行或某一列，只需要单击该行或该列对应的控制栏，Numbers 便会给出针对该行或该列的所有编辑选项，如删除行或列、添加行或列、隐藏行或列等，如下图所示。

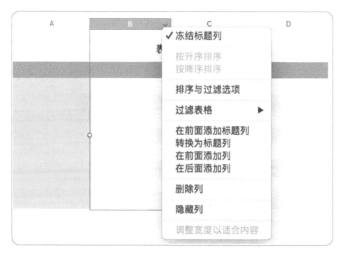

若你对整个表格的大小不满意，不希望使用控制栏单独缩放某一行或列的宽度，而是想整体放大或缩小，可以单击选中该表格，然后单击左上角的圆形控制按钮，用四周出现的小型方块控件进行整体缩放。

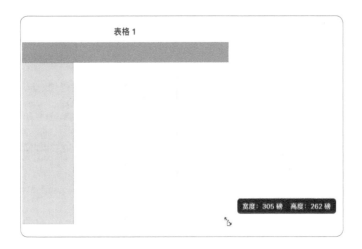

标题、名称与网格线

　　调整完表格的大小与行数，接下来你也许想要更进一步——自定义表格样式。选中待编辑的表格并单击工具栏右上角的格式按钮。在格式选项中，你可以添加表格名称、设置表格中文字的大小、为表格添加外边框等，如下图所示。其中标题和网格线值得特别说一下。

　　标题一般指的是左边第一列，或者上边第一行固定显示的内容。任何填写在标题行、标题列中的数据或文字不会参与表内的计算，而且当表格比较大导致在屏幕中显示不全时，表格中的内容会动态变化，但是标题行、标题列永远固定不动。

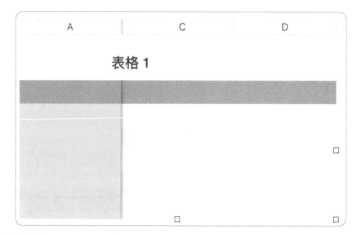

在恰当的时候添加网格线，不但会让你的表格内容更加整齐，而且有网格线的表格更容易让人判断其行、列内容的归属，如下图所示。

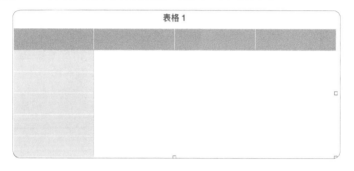

自动补足内容

制作表格时，最烦人的估计就是填数据，特别是填日期、编号等数据，手动填写这类数据让人非常沮丧，你可能不禁要想：能不能让电脑自动完成？当然可以，智能填充功能可以完成自动填充数据的工作。

当所选单元格中的内容可以满足预判需求时，选中一个或多个单元格后，四边中点会出现一个金色小点，拖动这个点，Numbers 便会根据所选单元格中的数据对其他待填充的单元格进行自动填充，如下图所示。自动填充可以帮助你节省很多用来填写枯燥信息的时间，若你觉得单元格中的内容已经足够预判其他区域的内容，不妨尝试使用自动填充功能。

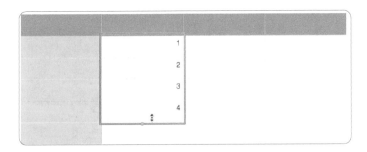

设置单元格类型

一个单元格中不一定只有数据和文字，有时候还有一些简单的勾选框、星级评价等内容，以便让表格更直观。以下图中的游戏建模表为例，我希望有一列专门用来负责检测建模是否完成，这时候设置一个复选框再合适不过了。

通过 iWork 的协作功能，我可以通过这张工作表与程序员和设计人员沟通。美术人员建模完成后只需在表格中勾选建模完成状态列的复选框，与其合作的程序员就可以看到表格中的资源已经更新，开始后续测试了。在右侧的测试状态中，我选用了星级评定，这样设计人员便可以看到该美术资源的测试情况，若测试存在问题，可以在备注中记录，并与同事及时根据表格中的内容进行修正，如下图所示。

通过合理安排单元格的内容，可以实现表格项目的精细化管理。如何设置单元格类型呢？选择待归类的某些单元格或整行、整列，依次单击右上角的格式→单元格→数据格式选项，在数据格式中选择所需数据类型即可，如下图所示。若你想要快速复制多个复择框，可以使用上面提到的自动填充功能。

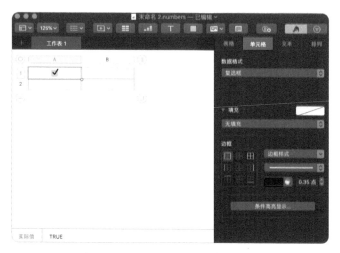

以 数据格式 → 货币 为例，你可以在这里设置货币类型、货币的显示方式、货币需要保留小数点后几位等，如下图所示。当单元格的类型确定以后，往该单元格内添加的所有数字会自动根据数据格式的设置重新排版，合理设置单元格的类型会最大限度地避免重复劳动。

按顺序排列

当数据填充完成以后，你可能会希望将表格内容以某一固定顺序排序。下图中的表格是我用来记录一个活动奖励发放情况的，一个合理的排序方式是根据每个人在比赛中获得的奖杯数目降序排列。这时可以选中待排序的单元格，依次单击右上角的 排序与过滤 → 排序，添加待排序的行或列，选择排序方式即可，如下图所示。同理，升序、降序排序还可用于人名的首字母排序等。

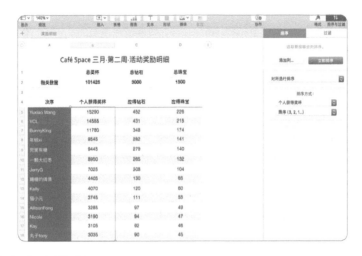

异常数字高亮显示

接着上面发放活动奖杯的例子。一般来说，在一周之内在这个活动中获得超过一万座奖杯是很困难的，若真有人达到这个标准，我希望给这个人特别奖励。那么，如何在整张表中找到需要发放奖励的人呢？这时候可以设置高亮显示。

选中待查找异常数据的单元格，依次选择右上角的格式→单元格→条件高亮显示→添加规则，如下图所示。在添加的规则中，我希望 Numbers 自动帮我找到奖杯数大于 10000 的数字并且高亮显示。这时候只需要在规则中选择数字→大于→10000 即可。

设置完高亮显示规则后的表格，显示效果如下，你会发现所有奖杯数超过10000 的单元格均被高亮显示了。异常数据的标亮是个非常实用的功能，它可以用来帮助你快速定位整张表格中需要特别关注的内容。合理利用规则标亮，会让你的表格更"聪明"，使得表格能够主动向你反馈信息。

次序	个人获得奖杯	应得钻石	应得珠宝
Yuxiao Wang	15290	452	226
YCL	14555	431	215
BunnyKing	11780	348	174
年糕xi	9545	282	141
兜里有糖	9445	279	140

2-6 使用 Pages 添加目录

给文档添加一份目录，不仅能让阅读变得更加方便，让文章结构一目了然，也可以让收到文件的人觉得你很专业。不过，制作目录似乎是一件枯燥的事情，如何给文章自动加入目录？目录添加完成后如何令目录和正文拥有各自的页码？

通过 Pages 能够解决上述两个问题，Pages 可以让原本枯燥的添加目录工作变得简单、轻松。

Pages 会根据你选取的小标题等内容自动生成目录与相应页码。

具体操作方式为：将鼠标光标放置在目录页开头，依次单击插入 → 目录 → 文稿。插入后选择目录的取材来源，本节将以小标题为单位生成目录，因此依次单击格式 → 目录，勾选小标题选项，如下图所示。

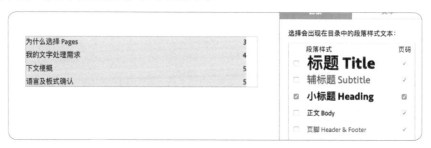

为了让目录和正文分别拥有独立的页码，你需要了解节的概念。一篇文章可以分为很多部分，若我们想对文章的某一区域进行单独设置，就需要把文章分成多个节。第一眼看到节的时候，很多人不理解它的意思，节在 Pages 中是一个划分区域的单位，一篇文章中可以有多个节，每个节都可以拥有自己的页码、页眉、页脚等内容。在部分内容中，我将目录和首页归类并设置为一个节，将正文部分设置为另一个节，为它们单独提供页码。要做到这一点，只需要在目录结束的地方添加一个分节符即可。

显示出不可见元素后，你会发现系统在目录结束的位置自动加入了分页符。而这里我们需要的不是分页符，而是分节符。此时具体的操作方法为：选中目录结束后的分页符这个不可见元素，如下图所示。

单击插入→分节符，观察下图右下角，会发现分页符已经被替换成一个书本一样的图标，它就是分节符。

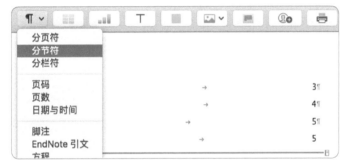

分节符设置完成后，目录就已经基本设置完成了，且和正文区分开来，各成一节。我们可以对目录的页码进行单独设置。具体操作方法为：将鼠标光标移动到目录页，使其在文档底下的页脚区域晃动，这时会弹出插入页码选项，单击插入页码选项，如下图所示。

分别选中目录节和正文节，并对其进行设置。在下图中，我为目录页添加了格式为罗马数字的页码，为正文页添加了格式为标准数字的页码。若不你希望任何页码出现在首页上，可以对目录页的页码设置在节首页上隐藏。

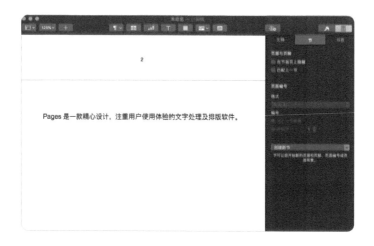

2-7 Pages 的自定义模板

要想做出一份好看的文稿，并不一定要从零开始，Pages 自带的、他人已经做好的模板是现成的资源，你可以在这些模板上进行创作，做出更好看的文稿。等你做出属于自己的 Pages 文稿以后，不妨把它们设为模板，以便下一次使用。

处理文稿之前的准备工作

很多人学习软件基本靠自己摸索，一不小心踩到了"雷"，会心情不佳，进而批评软件不好用。学习 Pages 也是一样，如果直接上手操作，可能会弄坏文稿的版式，搞得不知如何收场。

所以，在介绍模板的使用之前，我们先来看看把文稿排坏时的解决方案。Pages 有两个重要功能——处理模式及不可见元素——可以给你一些操作上的帮助，当遇到版式混乱的情况时，这些功能可以让你通过查看不可见元素来快速找到导致问题的原因。

如果你从未使用过 Pages，可能无法理解这些概念，没关系，你可以先跳过这一部分，亲自动手使用几次 Pages 以后，再返回来阅读。

处理模式

Pages 拥有"文字处理"和"页面布局"两种操作模式以适应不同类型文稿的

需求。当你新建空白文档时，Pages 的默认模式是文字处理，它能让你专心写作。在文字处理模式下，你输入的文字到达一定长度时会自动生成下一页，其实质是一个能不断延伸的、特殊的、巨大的文本框，你在里面输入文字、添加图片时，它都会自动帮你调整好位置。

页面布局模式则适用于需要特殊版式的情况。在页面布局模式下，Pages 的使用方式类似于 InDesign 这类排版软件，初始的时候就是一张空白画布，允许你在任意位置添加文字、表格、图片等内容。这种模式适用于版式要求精细的文件，如简报、海报和宣传单等。有一点需要特别注意：在页面布局模式下只能使用文本框添加文字。

了解了处理模式之后，我们再来看模板选择器。在窗口左侧，有基本、报告、图书、简报等选项，如下图所示。选择相应内容以后，Pages 会针对每一种文件类型的需求自动帮你设定好模式。报告这类文字流的模板会采用上文提到的文字处理模式，而简报这类需要排版的模板则会采用页面布局模式。

不可见元素

说完了处理模式，再来看看不可见元素。Pages 中的内容需要一些规则来决定各部分的位置，而这些规则，就是不可见元素。在使用 Pages 的过程中，若偶尔操作失误导致排版异常，不用担心，依次单击显示 → 显示不可见元素就可以看到这份文稿应用的排版规则了。下图是 Pages 官方说明文档中的不可见元素的列表，你在遇到排版问题时可以参考。

不可见字符	表示
·	空格
⸱	非换行空格（Option-空格键）
→	Tab 键
↵	换行符（Shift-Return）
¶	分段符（Return 键）
⬭	分页符
⊞	分列符
⊟	布局分隔符
▯	分节符
↑	设定为"随文本移动"以及所有文本绕排选项（"与文本内联"除外）的对象的锚点。
文本周围的蓝色框	文本已添加书签

值得一提的是，不可见元素是可以被选中的，它和其他文字符号相差无几，只是起到了排版作用而已，完全可以按照自己的需求选中、删除或变更不可见元素。

自定义模板

为什么要使用自定义模板？它有什么好处？为了说清楚这个问题，先来看看段落样式。段落样式确定了文章中每一部分的文字应该采用什么样的字体、大小、颜色、间距、缩进等内容。而自定义模板则提前定义了这些段落的样式，以及文章中的纸张类型等内容，做好一个自定义模板对接下来的文章排版大有裨益。

反之，若在写作时不注意段落样式，那么在后期整理时会非常麻烦，浪费大量的时间、精力。在书写过程中，最好能养成对各部分文字归类到对应段落样式的习惯，这样不仅方便排版，也方便全局管理。

新建自定义模板的具体操作是：选择空白模板并创建文档，敲出一些预留文字，如大标题、小标题、正文等内容，接下来按照你的喜好依次修改各部分文字的样式并更新。值得注意的是，Pages 默认的空白模板有很多冗余段落样式，在使用中会引起混乱，你完全可以删除不需要的样式，如下图所示。

设置完成后将自定义模板保存在模板选择器中，依次单击文件→存储为模板→ 添加到模板选择器即可。留下预留文字的目的是在模板选择器中预览自定义模板时可以直接看到模板内容，所有保存的自定义模板都可以在模板选择器的我的模板里找到。无论是下载的模板，还是自己创作的作品，都可以设为模板，在下次直接使用。

2-8 临时隐藏桌面文件

大多数用户桌面上都会堆着不少文件，要是不加整理的话，看起来就是乱糟糟的一片。如果接上大屏幕进行演讲，被观众看到自己桌面上的"乱象"，多少会让人尴尬。

本节就教你临时隐藏桌面文件的方法，还你一个清爽的桌面。

隐藏系统图标

当你插入外接设备时，桌面往往会自动弹出新添加设备的图标。这些常驻桌面的系统图标，比如硬盘、外置磁盘、外接设备等项目的图标，均可以在"访达"偏好设置中关闭。具体步骤为：在访达→偏好设置→通用中勾选你不希望在桌面上显示的项目，如下图所示。

隐藏全部桌面图标

有时桌面实在太乱，而你马上就要上台演讲，又或者刚好遇到一位爱干净的领导来检查工作，你希望把桌面上的全部内容都临时隐藏起来，此时可以在终端中输入以下命令并按回车键确认。

```
defaults write com.apple.finder CreateDesktop -bool false; killall
Finder
```

当你需要恢复显示桌面内容时，只需在终端中输入以下命令并按回车键确认。

```
defaults write com.apple.finder CreateDesktop -bool true; killall
Finder
```

这样，刚刚消失的图标就都回来了。

2-9 使用样板文件

模板文件是降低我们工作量的好帮手。比如你正在写一组文章，而每篇文章只有正文内容不一样，那么你可能会制作一个保留相同部分的文件当作模板，之后使用这个模板去写每一篇文章。

这时，常发生的事情是你忘了正在编辑的其实是模板文件，导致模板文件被正在写的内容覆盖。有没有办法避免这一情况的发生呢？当然有。我们可以使用macOS 自带的样板功能。

如何设置样板

大多数格式的文件（包括演讲稿、表格甚至 PSD 文件）都可以被设置为样板。

右键单击想要当作样板的文件，选择显示简介选项，在弹出的窗口中勾选样板复选框，一个样板文件就做好了，如下图所示。

使用样板文件

当你需要使用样板文件时，只需要像平常一样双击样板文件，系统会自动帮你创建一个样板文件的副本，如下图所示。此后，任何新的修改都是在副本内进行的，不用担心你的修改会影响原来的样板文件。

样板文件的使用范围很广，你还可以将它用在工作流中的环节。比如，当你希望在 Adobe Illustrator 中制作一组矢量图样时，可以勾选一个 AI 文件当作样板，以后双击这个样板文件开始新的制作，而不用担心破坏原来的文件。

如果你想修改原来的文件，可以在它的简介菜单里取消勾选样板选项，这样就能照常编辑文件了。

2-10　取色工具

不管是给幻灯片配色，还是准备画一张图，配色总是一个很"玄幻"的问题。很多时候，你可能需要查看屏幕上某一点的具体颜色，这时，你可以使用系统内置的数码测色计工具把颜色"吸"出来，用到其他地方。

基础功能

数码测色计的作用就是取色，其使用起来十分简单，如下图所示。你可以将鼠标指针放置在屏幕的任意位置，此时右侧区域会显示此位置的颜色相应的红、绿、蓝数值。如果想把这串数值复制下来，只需要按一下 Shift+Command + C 组合键。

取平均值

除了精确获得屏幕中某一点颜色的值，有时候你也许会希望取一个渐变色的平均值，这时候可以将数码测色计底部的光圈大小选项的取值调大，如下图所示。此时右侧的区域会显示光圈区域包裹颜色的平均值。如果不确定取哪个像素的颜色值，取平均值是最省力的解决方案。

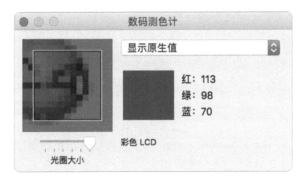

切换颜色属性

不同的应用对于颜色格式的要求也有所不用,好在取色工具可以满足各种要求,如下图所示。

在网络上常用的色彩属性是 sRGB，在广色域显示屏上常用的色彩属性是 P3，由于色彩属性不同，在相同位置得到的颜色的红、绿、蓝的数值也会不同。为避免默认的显示原生值选项所获的色值只适用于你的显示器，而在他人的显示器上出现偏色现象。可以根据实际需求手动切换到其他颜色属性，如 P3、sRGB、Adobe RGB 等。

```
    显示原生值
 ✓ 以 P3 显示
    以 sRGB 显示
    以普通 RGB 显示
    以 Adobe RGB 显示
    以 L*a*b* 显示
```

制作色卡

获得了颜色之后，你可能会希望把一组颜色手动保存到其他软件中，以便日后使用。这项工作可以用数码测色计轻松完成。数码测色计功能提供了复制颜色数值及颜色图片的选项，具体步骤为单击顶边栏的颜色 →将颜色拷贝为文本 / 图像。

下面的例子展示了创建一个简单色卡的过程。在 Keynote 讲演中新建一个简单的空白页，使用数码测色计中的拷贝文本及图像功能，将所需要的颜色及数值复制到空白页中，可以得到如下结果。

2-11 在 Windows 中查看 Pages 文档的内容

在 macOS 中，你可能会使用 Pages 文稿进行办公，当你需要将这份文件发送给在 Windows 中使用 Word 办公的同事时，会发现他们打不开你的 Pages 文件，这时应该怎么办？这时就需要注意 Pages 的导出格式了。

在 macOS 中提前将文稿转换为 Word 格式

解决上述问题最简单的方法就是提前导出 Windows 可识别的格式。在使用 Pages 编辑好文稿，想分享给 Windows 用户时，依次单击文件→导出到→Word，将文件导出为 Word 格式，如下图所示。

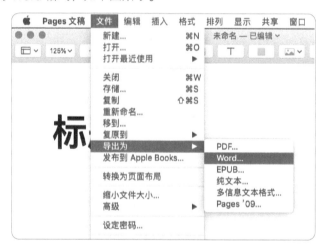

在 macOS 中提前将文稿转换为 PPT/Excel 格式

有时候，除了 Pages 文稿，你可能也会使用 Keynote 讲演，或者使用 Numbers 表格进行介绍。为了让使用 Office 套件的用户能正常打开你的文件，你可以在需要将文件分享给他们时，依次单击文件→导出到→PowerPoint/Excel，将文件导出为 PPT 文件或 Excel 文件。

在 Windows 中直接查看或编辑 Pages 文档

若你是 Windows 用户，收到对方发来的 Pages 格式的文件却发现打不开，这时应该怎么办？不用担心，其实 Pages 等软件除了支持 macOS，还提供了包含完整功能的网页版，任何系统的用户都可以使用。只需要在浏览器中输入 www.
icloud.com，登录后选择 Pages 文稿即可，如下图所示。如果没有登录所需的
AppleID，可以在该网站免费注册一个。

　　打开网页版的 Pages 文稿之后，单击下图中的上传图标，将收到的 Pages 文
件选中并上传就可以正常查看了。

　　打开文稿后的页面如下图所示，这样，你在 Windows 上也可以免费使用完整
功能的 Pages 网页版进行文稿的读取与编辑。

分享格式

在 Pages 等工具的导出选项里，可以看到多种格式，到底该选择哪种格式呢？下面就来谈一谈分享时常用的格式。

以文稿类型的文件为例，当你希望对方可以编辑你的文稿时，可以选择导出为 Pages 或者 Word 格式的文件。当你不希望对方编辑你的文稿时，最佳选择是输出 PDF 或者 ePub 格式的文件。

PDF 格式是常用的矢量固定排版格式，将文件导出为 PDF 文件后，无论你在何种设备上查看该文件，其文字排版位置都是固定的。它适合分享给任何需要打印、传阅或者排版已经固定的内容，输出 PDF 意味着任何人都可以在几乎任何设备上打开你的文档。

ePub 格式支持更多的媒体形式，如图片、视频等，它不但支持固定排版模式，也支持自适应屏幕宽度来显示元素，读者可以调整字体来配合自己的阅读习惯。它适合输出包含图片、视频等内容的富媒体文稿。这里需要注意，部分老旧设备可能无法打开 ePub 格式的文档。

2-12 备忘录

如果你还在纠结应该用哪款笔记工具，那么你很可能还没明确自己的需求。不妨先试试系统自带的备忘录，这款全功能的工具也许可以满足你的需求。

系统自带的备忘录除了提供核心的笔记功能，还包含一些实用的功能，这一节就介绍其中比较冷门但是好用的两个功能：窗口浮动；用手机扫描文件。

窗口浮动

当你使用系统的备忘录时，会发现所有笔记都被统一放在左栏中，这样虽然十分整齐，但有时候用起来颇有不便。比如你想要把某几个备忘录窗口一起放在正在编辑的文档旁边以供参考时，需要把文章从主窗口中独立出来，就像把一张便笺贴在电脑屏幕上，以使得操作更加灵活，如下图所示。

　　若只需要浮动某个窗口，可以直接双击希望被独立出的窗口，这时候就会发现它会在新的独立窗口中打开，如下图所示。

　　若需要浮动多个窗口，可以按住键盘的 Command 键，依次选中希望独立出来的多个窗口，并在完成全部选择后双击，这时，就会出现多个浮动窗口了，如下图所示。

用手机扫描文件

　　当你用备忘录整理文件时，有时难免需要将外部的纸质文件插入备忘录。这时你可以把手机变成 macOS 的外接扫描仪，把文件"扫"进电脑。

　　在想要插入图片或扫描件的地方，用鼠标右键单击并根据需求选择从手机拍照或从手机扫描文稿，这时 macOS 会弹出如下界面，提醒你手机扫描功能已经开启。

　　扫描好的文件会直接添加到备忘录中的指定位置，如下图所示。如果你选择了扫描功能，且扫描了多张图片，备忘录会自动帮你把多张扫描好的文件合并为一个 PDF 文件。

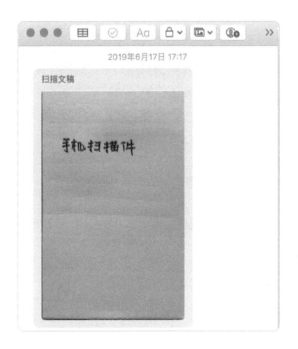

2-13 定时倾倒垃圾桶

当文件过多时，电脑的存储空间往往会在不知不觉间耗尽。这时，有一个地方可能已经积攒了几周甚至几个月的垃圾文件，你却忘了清理，这个地方就是垃圾桶。

其实，我们可以让 macOS 定时清理垃圾桶，给电脑"腾"出更多的可用空间。

管理本机存储空间

macOS 有一个统一的文件管理工具。依次单击苹果图标→ 关于本机→存储空间→管理可以打开进入文件管理工具，如下图所示。

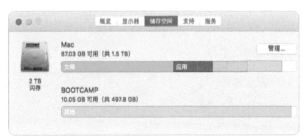

在文件管理工具中，你可以看到所有存储空间都被用在了哪里，并可以检查废纸篓、iCloud 云盘等应用程序的内容。若你希望电脑每三十天自动清理一次废纸篓，可以依次单击推荐→自动清倒废纸篓进行设置，如下图所示。

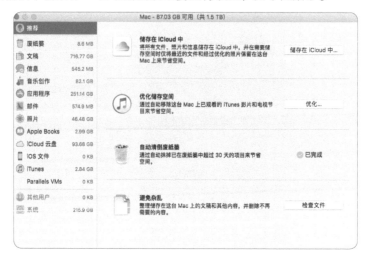

将部分文件只保存在 iCloud 中

电脑的本地空间总有耗尽的时候，这时你可以考虑将部分内容只保存在 iCloud 中来节省本地空间。在管理工具中，单击储存在 iCloud 中按钮，会弹出下图所示的窗口。若你的 iCloud 空间有富裕，可以全部勾选以节省本地空间。

管理 iCloud 存储空间

前面提到，为节省本地空间，你可以选择将部分文件存储在 iCloud 中。那么，如何知道自己的 iCloud 还剩下多少空间呢？ 这时你可以依次单击系统偏好设置

→ iCloud →管理进行查看。

在 iCloud 的管理储存空间界面中，你可以看到 iCloud 可用的存储空间，以及哪些内容在占用 iCloud 的空间等。一个常见的 iCloud 存储空间占用大户是不同设备的自动备份，如下图所示，你可以在这里手动删除某一设备自动备份的内容。

若整理后你依然认为自己 iCloud 的空间不够用，那也许意味着你需要更多的存储空间了。可以单击 iCloud 管理器右上角的更改储存空间方案 ... 按钮来订阅更多的存储空间。

2-14 临时导出 Office 文件

macOS 中的 iWork 套件虽好用，但是这些工具都没有提供 Windows 系统的版本。如果你临时需要将 Pages、Numbers、Keynote 等 iWork 套件可以打开的文件转成 Word、Excel、PowerPoint 等微软 Office 软件可以打开的文件，且手边没有 macOS 系统的设备时，应该怎样操作？

最简单的方案就是使用 iWork 的网页版。

在任意浏览器中输入www.icloud.com，登录后你将会看到网页版的 iWork 软件，如下图所示。接下来你需要根据目标的文件类型，选择对应的软件。

若你需要将 Pages 格式的文件转换为 Word 格式的文件，选择 Pages 文稿。

若你需要将 Numbers 格式的文件转换为 Excel 格式的文件，选择 Numbers 表格。若你需要将 Keynote 格式的文件转换为 PPT 格式的文件，选择 Keynote 讲演。

接下来以将一份 Keynote 文件转换为 PPT 文件为例，选择 Keynote 讲演。在网页版的 Keynote 讲演中，单击下图中的上传图标，选中需要转换的文件并上传。

上传完成后，打开刚刚上传的文件。选择工具栏上的扳手图标并单击下载副本选项，如下图所示。

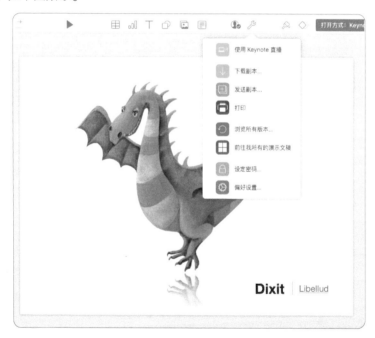

在弹出的选取下载格式选项中，按需求选择 Keynote 讲演、PDF 或 PowerPoint，然后进行下载即可，如下图所示。

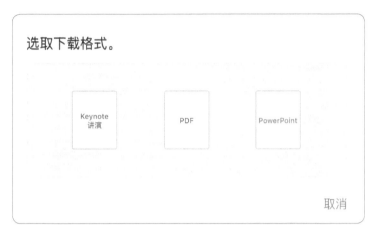

下次即使 macOS 系统的设备不在手边，也不怕打不开、编辑不了 iWork 文档了。

2-15 快速查看

很多时候，我们只是想扫一眼文件的大致内容，此时若是打开 Photoshop、iTunes 等复杂的应用程序，未免太过费时费力。

通过快速查看功能，你只需要选中文件后按一下空格键，就能快速查看各类文件的内容，而不需要打开任何软件。若你的 Mac 配备带压力感应的触控板，也可以直接选中想要查看的文件后重压触控板以触发快速查看功能。

标注图片

在 macOS Mojave 以后的系统中，通过使用快速查看功能不仅能看，还能简单编辑文件。有时我们的确只需要对图片进行简单的操作，比如旋转图片或简单标注，这时使用快速查看功能就再合适不过了。

下图是通过重压触控板触发的快速查看界面，在这里可以进行局部放大、标注、旋转、裁剪等常见操作。在操作完成后单击右上角的完成按钮即可保存编辑完成的图片。

剪辑视频

需要裁剪出某个视频中的某一段？没问题，选中待剪辑的视频后重压触控板，快速查看功能将展示如下图所示的窗口，拉取视频底部的黄色进度条选择希望保存的部分即可，根本用不着打开复杂的剪辑工具。

若你的 Mac 配备了触控条，也可以使用触控条精确选择待修剪区域，选择完成后单击触控条右边的修剪按钮即可，如下图所示。

快速查看功能支持的格式类型

快速查看功能支持的格式远不止图片或视频，你可以使用快速查看功能查看几乎所有类型的文件。比如大型幻灯片，若使用软件打开可能需要等待半分钟，但是使用快速查看功能，瞬间即可快速浏览其内容；对于 GIF 格式的动画，使用快速查看功能可以直接查看其动态内容；对于 Markdown 等各种类型的文档，使用快速查看功能时，在窗口右上角会提示打开文档最合适的应用程序，单击即可直接进入该程序进行更复杂的编辑，如下图所示。

快速查看功能支持的第三方插件

除了系统提供的快速查看功能，若你需要更多高级功能，比如预览文件时的代码高亮，也可以考虑使用快速查看功能的第三方插件。

QLColorCode 是一款代码高亮插件。下图以一串 Java 代码为例，可以看到所有关键词均被自动高亮显示。其自动安装命令为 brew cask install qlcolorcode。

```
                              Player.java              Sublime Text

import java.awt.*;
import java.awt.geom.*;
import processing.core.PVector;
import java.util.ArrayList;

public class Player {

    protected float dia, scale, speedLimit;
    protected PVector pos, vel, feelerVector;
    protected Color color;
    protected Ellipse2D.Double body;
    protected Line2D.Double feeler;
    protected Area outline, fov;
    protected ArrayList<Target> targets;
    protected ArrayList<Double> coes;
    protected double maxCoe;
    protected Target desiredTarget;
    protected boolean isPausePursing, isRemove, drawBlood;
    protected int counter, deathCounter;

    public Player() {
        dia = 100;
        scale = (float) Util.random(0.5, 0.7);
        pos = new PVector((int) Util.random(150, 950), (int) Util.random(150, 550));
        vel = new PVector((float) Util.random(-1, 1), (float) Util.random(-1, 1));
        color = new Color((int) Util.random(200, 255), (int) Util.random(200, 255), (int) Util.ran
        body = new Ellipse2D.Double(-dia / 2, -dia / 2, dia, dia);
        feeler = new Line2D.Double();
        outline = new Area(body);
        fov = new Area(new Rectangle2D.Double(-dia, -dia, dia * 2, dia * 2));
        isPausePursing = false;
        isRemove = false;
        drawBlood = false;
        counter = 0;
        speedLimit = 5;
    }

    public void draw(Graphics g) {

    public void update(ArrayList<Target> targets) {
```

QLMarkdown 会将 Markdown 文件转换成静态页面进行预览。在下图中，可以看到 Markdown 格式的文档被自动按照 Markdown 语法显示。其自动安装命令为 brew cask install qlmarkdown。

qlImageSize 会显示图片的分辨率和大小。以下图为例，可以看到窗口顶部显示了图片信息。其自动安装命令为 brew cask install qlimagesize。

如何安装快速查看功能支持的第三方插件

若想手动安装插件，可以将下载好的 qlgenerator 后缀名的文件移动到 ~/Library/QuickLook 文件夹中，并在终端中运行 qlmanage -r。如果在 Library 中没有找到 QuickLook 文件夹，可以手动创建一个。

若你想自动安装插件，需要在电脑中安装 Homebrew。若你还没有安装过 Homebrew，可以前往其官网了解如何安装，如下图所示。

Homebrew 安装完成后，就可以使用 brew cask install 命令安装每一个想要安装的插件。

2-16 截屏、录屏与编辑

有时候，我们和朋友怎么都解释不清某个 App 的用法，此时，不如直接录一段视频发送过去，以便将操作非常直观地展示给对方。

如果想要记录软件的操作步骤展示给他人，分享游戏的精彩片段，保存喜欢却不容易保存的网页视频或动画及任何需要通过录制记录的屏幕片段，截屏或录屏是最直接的方式。

借助 macOS 自带的截屏、录屏与编辑工具（后文简称"截屏工具"），没有任何视频制作经验的你也可以制作小视频。我们将依次介绍如何调出截屏工具，它所提供的功能，以及如何快速编辑截获的截屏与视频。

在截屏方面，截屏工具允许你截取屏幕中的某一部分、某个窗口或整个屏幕。在截屏完成后，你可以在弹出的图片编辑窗口进行标记图片、放大重点区域、裁剪等操作来完善截屏。在录屏方面，你可以按需求只录制屏幕中的某一部分，或进行全屏录制。在录制完成后，你可以在弹出的视频编辑窗口快速裁剪出所需的片段。

截屏工具的调出及其功能

macOS 中的截屏工具并没有单独的图标入口，只能使用快捷键调出。若你没有自定义键盘的键位，则在系统任何界面中，按下 Commond + Shift + 5 组合键即可在屏幕底部调出截屏工具，如下图所示。如果你希望更改截屏工具的快捷键，可以依次单击苹果图标→系统偏好设置 →键盘→ 快捷键 →屏幕快照进行更改。

截屏工具由三部分构成。分隔线左侧为截屏工具，从左至右依次是：全屏幕截屏、窗口截屏、指定区域截屏；两条分割线中间的部分为录屏工具，从左至右依次是：全屏幕录制、指定区域录制；最右侧的选项可以对当前所选工具进行相关设置，如更改保存位置，是否在录制时显示鼠标操作等选项。

如何截屏并对其进行编辑

介绍完截图工具提供了哪些功能，现在我们使用一个实例来展示如何截取一张满天星的图片，并对其添加简单的边缘阴影，对花蕾处进行放大处理。

截屏的具体步骤为：首先使用键盘快捷键调出截屏工具，选择指定区域截屏选项，并在屏幕上拉取想要截取的区域。拉取完成后，会发现屏幕右下角弹出了一个预览窗口，如下图所示。这时候你有两个选择，若你单击预览窗口，则会进入截屏编辑状态；若不单击预览窗口，则系统默认你暂时不希望对其进行编辑，预览窗口会在几秒后消失并将所得截屏自动保存在指定位置。

在这个例子中，我们需要编辑这张截屏，因此单击了预览窗口进入编辑状态。编辑器提供的编辑功能非常丰富，可以在截屏之后对某一部分添加形状标注，编辑操作包括对局部进行放大、旋转、添加文字，改变尺寸等操作，如下图所示。若你对编辑的效果不满意，也可以单击右侧的垃圾桶图标将其直接删除。

对于这张截屏的编辑，我们先为它加上一个边缘阴影特效。具体操作为：在顶部工具栏中选择形状工具，在弹出的选项中选择阴影。可以通过调整阴影边框上的八个蓝色圆点来调整阴影的大小，如下图所示。若你想要以中心为基准同时编辑四边，可以按下键盘的 Option 键并任意调整蓝色圆点，这时候阴影会以中心为基准整体调整。

添加完阴影以后，我们对右下角绽放的满天星进行局部放大。具体操作为：在顶部工具栏中选择形状工具，在弹出的选项中选择放大镜。当使用放大镜时，可以单击放大圆圈的蓝色按钮来调整放大框的尺寸，单击绿色按钮来调整放大倍率，如下图所示。

编辑完成以后，可以单击编辑器右上角的**完成**按钮来将截屏保存到指定位置，也可以将截屏复原、删除或分享给其他朋友。

如何录屏并对其进行精确裁剪

录屏的选项相较于截屏更为丰富，即使你没有制作视频的经验，也可以快速制作出效果不错的短视频。录屏的选项提供了倒计时器、是否开启内置麦克风配合录音、是否显示鼠标光标的点按操作等选项，如下图所示。

　　勾选内建麦克风选项以后的状态比较适合录制教程等内容，你可以边操作边讲解，你的语音会直接和视频同步保存，非常省心。若勾选显示鼠标点按选项，被录制的视频出现黑色圆圈代表鼠标单击操作，出现绿色圆圈代表鼠标双击操作。这些提示可以帮助观众了解你的鼠标在何时做了什么操作。

　　录制的具体步骤为：单击录屏工具中的录屏按钮便会开始录制；录制完成后，单击屏幕上边栏最左侧的停止录制按钮；这时，右下角会弹出录屏预览窗口，如下图，所示单击即可进入视频编辑状态。

　　在视频录制完成后，一个最常见的操作是调整视频长度，对其做出适当裁剪。在下面的例子中，我们截取这段录屏的部分内容，选中部分为希望保留的内容。录屏内容精确裁剪的具体步骤为：单击弹出的视频预览窗口，在弹出的编辑界面中单击修剪图标，选取合适的长度，单击完成按钮，如下图所示。

2-17 拖曳分享文件

拖曳文件是一件很自然的事情。在 macOS 上，拖曳操作的应用场景非常广泛。

macOS 窗口边框的功能

窗口边框由文件小图标和文件名组成。这两部分有各自不同的功能，拖曳小图标可以分享该文件；单击文件名可以对文件进行重命名、添加标记、更改存放位置、锁定文件等操作，如下图所示。

拖曳分享

当你在工作时，可能常常需要将某个正在编辑的文件通过聊天软件发送给别人。这时，你不用特意打开访达来寻找文件存放的位置，直接将窗口顶部的小图标拖曳到聊天软件的输入框，就能分享该文件，如下图所示。

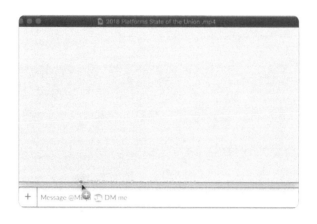

2-18 提醒事项

关于任务管理工具，你可能听说过 OmniFocus、Things 等功能强大但操作复杂的工具，不过在尝试它们之前，不妨先试试 macOS 自带的提醒事项工具，这个免费的小工具已经可以满足我们大部分的日常需求了。

和他人共享

提醒事项适合记录很多事情，比如去超市的购物清单，这时候你也许希望你的舍友能同步收到你对购物清单的更新。在左栏中选择你希望共享的提醒事项，在其右侧晃动鼠标光标，这时会出现一个类似手机信号图标一样的图标。

单击信号图标后，右侧会出现一个共享对话框，在里面填写你希望共享的用户的 iCloud 邮箱地址，并单击右下角的完成按钮即可完成共享，如下图所示。

被邀请的用户会收到一封邮件，询问是否愿意加入该提醒事项的共享，单击下面的按钮就会确认加入，如下图所示。确认邀请后，被邀请用户的共享清单都可以得到实时更新。

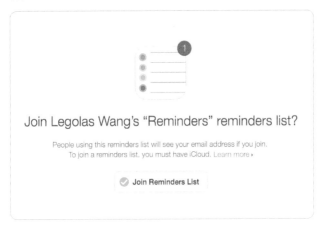

还是以购物清单为例。你和你的舍友可以在任何时候，在自己的设备上把公用的东西加入共享购物清单，以提醒大家购买。等有人购买并删除购物清单中的某一项内容以后，所有被共享的购物清单的内容都会被更新。提醒事项即时更新机制防止了大家买重，或者忘买某件东西。

自定义排序

提醒事项中的按优先级排序是一个很实用的功能，能够帮你把最重要的事情排在一起，避免其他事情的干扰。但是有时候你可能会发现，高优先级和低优先级的事情会按照时间先后顺序混乱地排布在提醒事项中。

这时候你可以依次单击显示→排序方式 → 优先级，提醒事项便会按照优先级排序了。当然，你也可以根据实际需求选择截止日期、创建日期、标题等排序方式，如下图所示。

按日期选择

有时，你可能想查看未来的某一天有没有安排，这时可以依次单击显示 → 显示日历，然后屏幕左下角会出现日历图标，如下图所示，你可以选择日期来查看当日的安排。

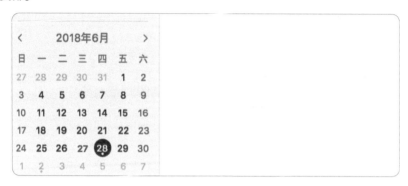

2-19 批量重命名

给单个文件重命名非常简单，只需单击文件名即可重命名。但是，如何一次给很多个文件重命名呢？相信没有人心甘情愿做逐个重命名这种重复而无聊的劳动吧。

在访达窗口中同时选择多个需要被重命名的文件，双指单击触摸板或用鼠标右键单击文件打开文件选项，选择给 N 个项目重新命名，如下图所示。弹出的重命名工具提供三种批量重命名的方式，分别是：替换文本、添加文本、格式。

替换文本允许你批量将原文件名中的某些字段替换成新的字段。不少网站会在文件名里面加入自己的网站名，我们不需要这些文字，可以通过把网站名替换成空格的方式来删除它们，如下图所示。

添加文本允许你批量在原文件名前后添加新的字段。你可以用它来整理文稿，或者通过前缀、后缀的形式为一些作品统一署名，如下图所示。

格式允许你统一为文件添加索引、计数或日期。你可以用它来整理图片序号、强调日期等。这里有一个小技巧，可以按住 Command 键再一一点选文件，这样给文件编号的顺序就是点选文件的顺序了，如下图所示。

若批量重命名的结果不合你心意也不必担心，只需按下撤销的快捷键（Command+Z 组合键），所有被批量重命名的文件会恢复成原文件名。

2-20 分享日历

日历虽然和电子邮件一样算是"老古董"，但是仍然被大家经常使用。通过把自己的行程写进日历，可以让自己对接下来的行程规划一目了然。

当然，日历不仅可以自己看，还可以分享给别人，让对方知道自己的日程。无论是想提醒朋友别忘了周日的聚会，还是希望同事能够根据项目进度安排工作，日历共享都非常实用。

分享单个事件

若你想要邀请某个人和你一同做一件事，可以使用受邀人功能邀请别人，如下图所示。这样做的好处是受邀人可以和你一同编辑这个日历。

不过，这个分享方法对跨区域 Apple ID 的支持似乎不太好，若你想要邀请一个使用其他区域 Apple ID 的用户，对方可能收不到你的邀请或是很久以后才能收到邀请，所以可以在邀请发出后再通过其他通信工具确认一下对方有没有收到。

分享整个日历

这种方法适合需要短期或长期共享某些日程的情况，比如和舍友分享一个合租日历，和同组成员分享一个项目日历等。这时你所分享的不再是单个日程，而是整个日历的所有内容，以后新增的日程也会直接出现在里面。

你可以分享一个已有日历，或新建一个日历专用于分享。想要创建一个新的用于分享的日历，依次单击 文件 → 新建日历 即可。接着将鼠标光标在想要分享的日历右侧晃动，会出现一个类似手机信号图标一样的分享图标，在 共享给... 这里输入你想要分享的 iCloud 邮箱地址，等待对方接受邀请即分享成功，如下图所示。

分享日历链接

如果你不希望接受分享的人编辑你的日历，或者需要将日历的地址分享给他人，可以勾选 共享日历 下方的 公共日历 复选框，如下图所示。这时日历会自动生成一个链接，将这个链接分享出去即可。

这样，对方就只能看，而不能改动你的日程了。

2-21 添加和查看日程

现在很多人不喜欢使用日历，一个很重要的原因就是添加日程很麻烦，在大家的印象里，日程的时间、地点似乎都得一个一个手动添加。其实，在日历中添加和查看日程已经越来越简单了。

使用自然语言快速添加日程

当你想要添加日程时，你也许会先在日历中找到希望添加日程的日期，输入标题，选择时间，添加提醒，这一系操作十分烦琐。能不能像跟 Siri 对话一样，一次性说完一句话让系统自动识别并添加日程呢？

当然可以。单击日历右侧的加号按钮，将你想要添加的日程及相关信息用正常语言填写在这里就完成了，例如，"明天晚上七点整理 Think Tank 申请材料"这句话就包括了日程、日期和时间，如下图所示。

显示所有日程

有时，你可能只想看一看最近一段时间都有什么安排，这时可以在右上角的搜索框中输入引号（"　"）并按回车键，日程就会按时间顺序全部显示出来了。

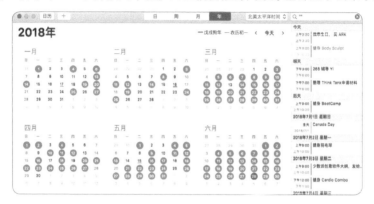

经常看看自己最近都需要做什么，可以避免遗漏重要的事项。

添加时区

当你需要进行跨时区合作时，可能会希望查看日程发生地的当地时间。这时可以依次单击 日历 → 偏好设置 → 高级 → 打开时区支持。设置完成后日历会自动添加对时区的支持，当你设置或查看日程时，可以直接在上边栏选择需要的时区，如下图所示。

2-22 自动化之批量导出 PDF

你可能或多或少遇到过这样的情况，电脑存储着多个 Word / Excel / PPT 格式的资料或者课件，若想将其全部转换成 PDF 文件，以方便在移动设备上阅读或是存储，一个一个转换会令人非常疲倦。

其实，我们可以用 macOS 自带的自动操作工具来帮助我们批量转换所有文件的格式。

准备工作

为了给 macOS 增加处理 Word / Excel / PPT 这几种格式的文件的能力，首先需要下载免费办公软件 LibreOffice，下载地址为 www.libreoffice.org。下载完成后打开安装包，并按照下图提示将 LibreOffice 软件拖入 Applications 文件夹。

macOS 自带的自动操作工具本质上是一个帮助你自动完成一系列流程的工具，如果你对它不熟悉，可以先跟我看一下工具界面，如下图所示。在自动操作工具的主界面中，你会发现自动操作软件由左、右两部分组成。左侧被称作操作库区，在这里你可以搜索或者选择你想要进行的操作；右侧被称作工作流程区，你可以将从左侧选择的操作拖动到右侧，在这里构建工作流程。

制作"批量导出 PDF"自动操作

首先，我们需要将新制作的自动操作添加到文件的右键菜单中。打开自动操作程序，在弹出的选取文稿类型对话框中选择齿轮图标，如下图所示。

确认完成后，你会看到右侧的工作流程区出现如下图所示界面。这时候将工作流程收到当前之后的选项改为 documents；并将 in 之后的选项改为访达。

接下来，我们需要为如何批量导出 PDF 做出定义，告诉系统工作流程是什么。在左上角的搜索框中搜索"获取所选的访达项目"，并将搜索所得的操作拖至右侧，得到如下图所示的结果。

继续在左上角搜索框中搜索"运行 Shell 脚本"，并将搜索到的操作拖至右侧，得到如下图所示的结果。这里我们需要对运行 Shell 脚本操作做出设置，将 Shell 之后的选项改为 /usr/bin/python，并将传递输入之后的选项改为自变量，这才能让自动操作把你选中的文件当成"原料"进行处理。

在更改完设置之后，需要将下面这段代码输入到运行 Shell 脚本的空白文本框中。

```
import sys, os, subprocess
vmy_env = os.environ.copy()
my_env["PATH"] = "/usr/local/bin:" + my_env["PATH"]

for arg in sys.argv[1:]:
        my_command = ["/Applications/LibreOffice.app/Contents/
macOS/soffice", "→→convert→to", "pdf", arg, "→→outdir",
os.path.dirname(arg)]
        subprocess.check_output(my_command, env=my_env)
```

这时候批量导出 PDF 的自动操作就已经全部制作完成了。选择文件 → 存储，在弹出的对话框中将其命名为"批量导出 PDF"并保存即可，如下图所示。

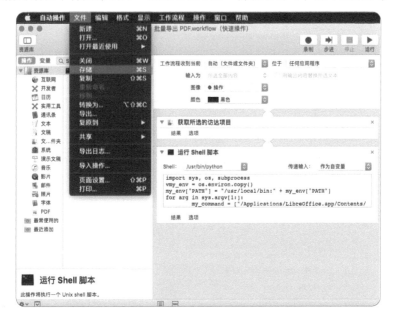

如何使用"批量导出 PDF"

选择一个或多个文件，从右键菜单中选择服务 → 格式转换为 PDF，如下图所示。

在文件转换的过程中，你可以在系统顶部的工具栏中查看转换进度，如下图所示。

待转换完成后，在刚刚选中的文件相同的文件夹下，会生成与之对应的 PDF 文档，如下图所示。

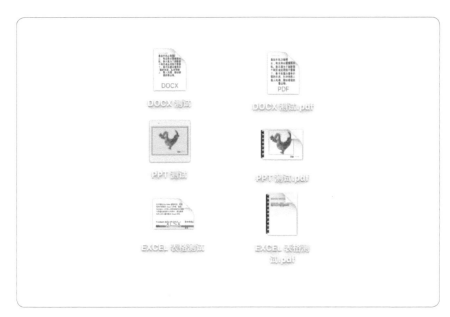

至此，原本需要耗费大量时间来处理的文件就快速转换好了。

2-23　自动化之批量将 Word 文件转成 TXT 文件

macOS 自带的 Pages 打开 Word 文件的速度非常慢，而很多时候我们想提取 Word 文件中的文本，此时可以把 Word 文件批量转换成 TXT 文件，以便在 macOS 中快速打开和编辑。

若你已经阅读了前一节的内容，理解接下来的内容应该就非常容易了。为了批量将 Word 文件转成 TXT 文件，只需要将下面这段代码输入到运行 Shell 脚本的空白文本框中，并将代码中的 pdf 改为 txt 即可。

```
import sys, os, subprocess

my_env = os.environ.copy()
my_env["PATH"] = "/usr/local/bin:" + my_env["PATH"]

for arg in sys.argv[1:]:
        my_command = ["/Appl          eOffice.app/Contents/
MacOS/soffice", "--convert-t       ", "--outdir",
os.path.dirname(arg)]
        subprocess.check_output(my_command, env=my_env)
```

2-24 自动化之设置日历定时任务

有时我们希望一些应用程序在特定的时候打开，比如，你可能希望系统在夜里十二点自动打开下载软件进行下载。此外，即使我们在公司时，也常常忘记一些工作，要是 macOS 能够定时打开相关应用程序就好了。

本节将以自动打开日程规划工具为例，讲解如何用日历实现定时自动打开应用程序。

设置重复日程

首先在日历中新建一个日程，对于定时打开日程规划工具这件事，我希望系统每天都会提醒我，因此在此日程的提醒设置中，需要将重复更改为每天，如下图所示。

如果你希望这一事项在每周的工作日被触发，而在周末不被触发，可以选择

重复 → 自定 ...，将频率改为每周，并在下方选择想要该事项被触发的日期即可，如下图所示。

设置定时打开应用程序

设置好重复选项后，我希望系统在每天某个固定时间自动帮我打开应用程序。依次单击提醒 → 打开文件，在下方的应用栏选中想要自动启动的应用程序，在底部的时间栏设置提前的时间。下图表示每天凌晨 5:55 自动启动日程安排工具 Things3，单击好按钮即完成设置。

设置完成的页面如下图所示，表示"每天，当我在家时，早晨六点会开始做一天的安排"。在安排开始前的五分钟，系统会自动帮我打开指定应用程序。值得一提的是，你不但可以使用日历的定时启动功能打开某一应用程序，也可以选择关联文件。若你设置了一个编辑文稿的日程，可以让日历自动在该日程到来时打开待编辑的文稿。

2-25 如何为邮件设置自定义签名

在你收到邮件时，常常会在邮件的结尾处看到发件人的名字、职位、联系方式等，这段文字就是邮件签名。一段信息完整、样式好看的邮件签名，无疑会使你留给收件人的印象更好。而在邮件签名中留下更多的联络信息，也可以方便对方找到你，如下图所示。

如何设置签名

现在我们来看看如何设置这个签名。

依次选择邮件 → 偏好设置 → 签名。这里的设置分为左、中、右三列，左侧列允许你选择发送邮件的账户，中间列允许你设置并存储多个自定义签名，右侧列允许你设置自定义签名的内容，如下图所示。

现在我们来创建一个新签名。在左侧列选择你想添加签名的邮箱，单击中间列下方的加号按钮来添加一个新签名，选中新签名并在右侧添加签名内容，如下图所示。

创建好新签名以后，将中间列创建好的新签名从中间列拖至左侧列你想要应用这个签名的邮箱上，如下图所示。

值得注意的是，这时候虽然自定义签名已经添加完成，但是在收、发邮件时这个签名不会被自动应用。若你想要系统自动为你的每一封邮件添加签名，需要在中间列下方选取签名处选中你想要应用的签名，如下图所示。

如何让邮件签名更有个性

在编辑邮件签名时，你可能会觉得右侧这个文本框只能填写标准文字，其实不然。这个文本框支持多种格式的内容，如图片、超链接等。

若想改变文字样式，你可以选择待编辑的文字并用鼠标右键依次单击字体 → 选择字体来更改字形和颜色等，如下图所示。

若想要在签名中添加图片，拖动任意图片到这个文本框中即可，效果如下图所示。

2-26 设置处理邮件的规则

邮箱里有几个发送垃圾邮件的发件人永远也删除不了？

每天花大量的时间用于区分邮件所含事项的轻重缓急？

别担心，你可以使用邮箱的自定义规则来帮助你自动管理邮箱。

过滤广告

一般情况下，关注用户体验的广告邮件都会在邮件底部设置一个退订按钮，若你收到的广告邮件上有退订按钮，那么你可以直接用发件人提供的退订方式主动退订。但是总有一些广告邮件或垃圾邮件永远无法退订，这时我们可以利用自定义规则将其直接删除。

以下图为例，这个地址为 contactsok5@nllmbi.ovh 的发件人不断发送垃圾邮件，我希望定义一个规则，以后收到这个地址发来的邮件时，直接将邮件删除，且不要询问我。

依次单击邮件 → 偏好设置 → 规则 → 添加规则。所有规则均由三部分组成：描述，如果符合下列某条件，就执行下列操作。你可以设置多个触发条件，也可以设置多个操作。

你可以在描述选项的文本框中，为你的自定义规则添加一个容易分辨的名称，在下图中我将规则名称改为"直接删除垃圾邮件"；在如果符合下列某条件部分，我选择"发件人""包含""@nllmbi.ovh"；在就执行下列操作部分，我选择"删除邮件"。设置完成后，单击右下角的好按钮，这样一个规则就制作完成了，如下图所示。以后只要收到这个地址后缀发来的垃圾邮件，邮箱就会自动删除垃圾邮件。

这时你可能会发现刚刚定义好的规则只对新收取的邮件有效，如果希望对邮箱中已经存在的邮件应用这一规则，自动删除其中的垃圾邮件，应该怎样操作呢？按下键盘的 Command +A 组合键全选邮件，单击鼠标右键选择应用规则即可，如下图所示。

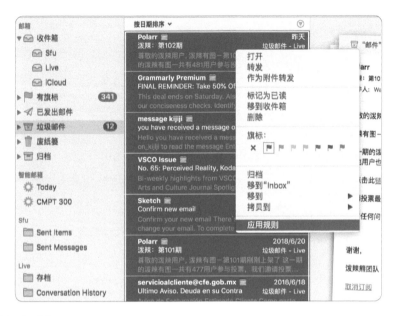

自动打标签

即便清理完了广告邮件，你的收件箱中可能还是存在大量邮件需要处理，这时可以考虑用规则来将收到的邮件分类。比如，设置内容为验证信息的邮件在三天后自动删除，对需要立即回复的邮件设置旗标，将内容为发票的邮件直接转存到收藏夹等。

三天后自动删除验证用邮件

我们在某些平台注册账号时，时常会遇到需要验证邮箱的情况，这些验证邮件往往是一次性使用的，用完就没有价值了。这时候可以设置规则自动整理验证用邮件，这类邮件一般包含"Confirm""Email"等关键字，如下图所示。

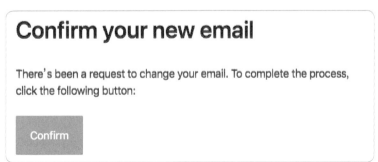

此时设置邮件规则如下图所示。应该注意将如果符合下列某条件设置为所有，这样确保了只有邮件满足"发送于三天前""主题中包含'Confirm''Email'关键词"时才会应用这个规则，避免出现误删的情况。

对需要立即回复的邮件设置旗标

若你正在和对方进行交涉，这类邮件通常是需要立即回复的邮件。在下图的例子中可以看到，在与对方对话的邮件中，系统会自动在标题中添加"回复"关键词，我们可以根据这个关键词设定一个规则让系统自动对需要立即回复的邮件设置旗标。

在下图的设置中可以看到，条件被更改为了邮件主题中包含"Re""回复"关键词。若在邮件标题中发现了该关键词，则自动对该邮件设置旗标。

将内容为发票的邮件转存到归档文件夹

若你时常网购，也许会发现自己的邮箱常常被电子发票填满，而这些发票邮件本来应该只被保存，不应该存在收件箱中占用大量的空间。这时你可以制定一个规则，将所有发票类邮件转存到归档文件夹中，如下图所示。

具体设置如下图所示。设置完成后，主题中包含"发票""Receipt"关键词的邮件均会被自动移动到归档文件夹中。

提醒并自动回复加急邮件

有些时候，有些邮件的发件人可能会急于得到你的回复。这时候你可以设置一些规则，使得系统在邮件标题中发现了"急""重要"等关键词时尽快通知你，并且自动回复邮件，同时告知对方自己会尽快回复，如下图所示。

2-27 预览工具的轻量编辑功能

系统自带的预览工具也许是存在感最弱，却又最常用的功能之一了。其实我们每天打开的各种文稿、图片等，都会直接或间接使用预览工具。使用预览工具不仅能看文件，也可以对文件进行一些基础的编辑工作，免得我们总是打开令系统运行卡顿的大型软件。

合并 PDF 文件

若手头有两份 PDF 文件（如下图所示）需要合并在一起，这时需要如何操作？

分别打开需要被合并的两份文件并显示缩略图。预览工具中所有涉及 PDF 文件增页、删除页、合并的操作均需要在缩略图中进行。在下面的例子中，我希望将第二份文件合并到第一份文件的结尾处。这时可以展开第一份文件的缩略图，选择缩略图中的最后一页，并将第二份文件的缩略图拖至第一份文件的缩略图上，看到加号后松手即合并完成，如下图所示。

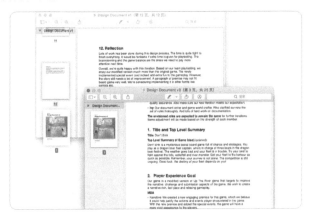

值得注意的是，按此方法合并完成后的文件会直接更新原文件，若你希望保留未合并的版本，可以先备份原文件再在复制的文件上执行合并操作。若你只希望将一份文档中的部分页数合并到另一份文件中，只需拖动待合并页的缩略图到等待被合并文件的缩略图的指定位置即可，不一定要在文件的开头或结尾处合并。

为 PDF 文件添加滤镜

有时，你可能需要发送给对方一份加密 PDF 文件，或者对 PDF 文件的颜色做简单处理等。这时候可以单击文件 → 导出，在所弹出的选项中勾选加密复选框来设定密码。

若你想将 PDF 文件设置为黑白模式，可以在 Quartz 滤镜选项中选择 Black & White；若觉得当前 PDF 文件过大，可以在 Quartz 滤镜选项中选择 Reduce File Size，如下图所示。

合并图片

如果需要将手头的几张图片拼在一起，或者为图片添加水印，该怎么办？很简单。使用预览工具就可以完成上述工作。

首先，将所有待合并的图片用预览工具打开。选择一张图片作为拼图的主体部分，单击图片内容并按下 Command + A 组合键、Command + X 组合键来全选并剪切内容。这一步的目的是将现有图片暂时拿走，将画布留白以便调整画布的大小。如果系统提示需要将图片转换成 PNG 格式，单击确认按钮，如下图所示。

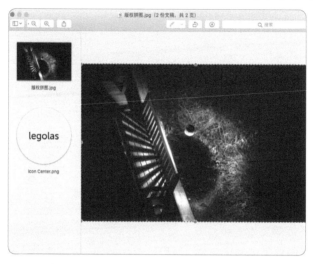

接下来调整画布的大小以为拼图留出足够的空间，选中上一步操作中的主体图，依次选择工具 → 调整大小，调整宽度与高度的数值，这些数值决定最后合并完成的拼图的尺寸，不过暂时输入预估值即可，如下图所示。

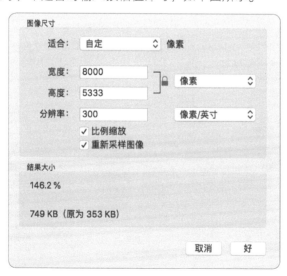

画布调整完成后，选中拼图的主体图，按住 Command + V 组合键将刚刚移除的图片还原到这里。这时候观察主体图会发现，主体图右侧多出了很多富余空间，这是刚刚调整画布所留下的，如下图所示。

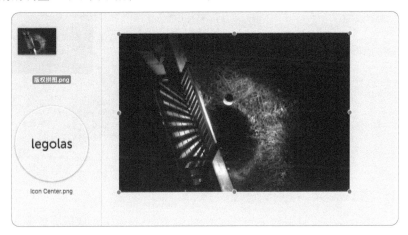

我们需要将底下的第二张图片合并到拼图主体（第一张图片）中。选择第二张图片，并依次按下 Command + A 组合键、Command+ X 组合键来全选并剪切内容，剪切完成后回到第一张图片，按下 Command+V 组合键粘贴内容，并将拼图移动到满意的位置即可，此时得到的结果如下图所示。

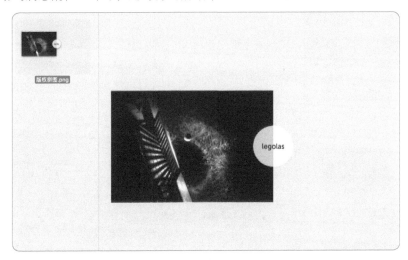

得到的画布可能会过大，可以使用矩形工具将画布裁剪到合适的尺寸并保存，如下图所示。

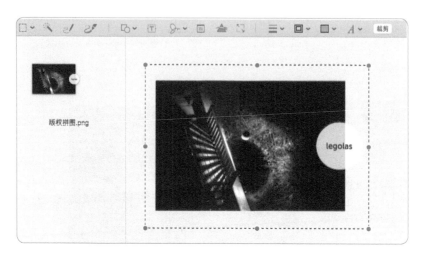

对 GIF 格式的文件进行删除帧操作

我们常常会使用 GIF 格式的文件，但是很多网站对于 GIF 格式的文件的大小都有限制，我们常常会遇到上传受限的情况。

若想删除某个 GIF 格式的文件中的不想要的帧，不需要任何专门的 GIF 文件编辑工具，用预览工具打开 GIF 格式的文件就能进行编辑。使用预览工具打开该 GIF 格式的文件，在左侧的缩略图中选择不想要的帧，并按下键盘的 Delete 键删除这些帧即可，如下图所示。

这样一来，你就可以把 GIF 格式的文件中无用的部分删掉，让 GIF 格式的文件的体积更小。

为文档添加签名

有时需要为文档添加签名。这时候你可能会先把文件打印出来，用笔签上名，之后再扫描进电脑中。整个步骤不仅烦琐，而且当文件特别多时，打印、签名、扫描会浪费很多时间。最简单的解决方法是制作一个自己的签名，拿来放在每个文件上。

打开需要添加签名的文件，在顶部选择签名图标。你可以选择使用触控板签名，这样会比较节省时间。但使用触控板签名和在纸上签名的差别比较大，若你偏好在纸上签名的话，打开摄像功能，拿出一张白纸，使用任意一支颜色比较深的笔签名，然后将白纸对准摄像头，稍等几秒，你的签名就制作完成了。接下来将制作好的签名挪到文件签名处即可。在下图的例子中，背后蓝色的笔迹是在白纸上的手写签名，黑色的笔迹是电脑识别出来的电子签名。

2-28 预览工具的幻灯片模式

在 macOS 中，我们常会使用空格键快速查看某个文件，这时候你也许会发现快速查看所提供的文件预览窗口都太小了，对于文字密集型文稿来说，看起来很累。

其实，我们有一个不打开专门的应用程序就能查看文件的方法，这就是双击或者使用鼠标右键单击文件，使用预览工具打开文件后，单击左上角的全屏按钮，文稿便会进入幻灯片模式，如下图所示。

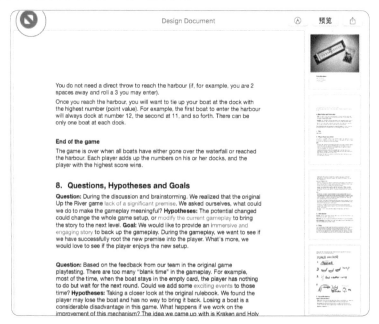

在幻灯片模式下，文稿将会全屏显示，如下图所示。如果你希望文字充满屏幕，还可以使用双指手势对所需区域进行放大。

除了自己看，你也可以使用此模式直接进行演示。此时，你还可以使用方向键或触控条来进行翻页或者跳页操作，就像播放普通的 PPT 一样。

第 3 章
把 macOS 打造成学习利器

在大家的印象里，Mac 是学生的好搭档，在不少国外课堂的照片中，学生用的都是 Mac。轻薄便携、续航持久，这些的确都是人们选择 Mac 的原因。不过，Mac 更重要的还是稳定、易用的 macOS。

对用户来说，最害怕的就是电脑连招呼也不打就"罢工"；文档没保存就自动关机；答辩进行到一半电脑忽然系统升级……在 macOS 中，这些问题都很少出现，用户们可以放心地写期末论文、做模拟计算，而不需要时不时地按保存按钮。

在稳定之外，macOS 还有很多好用的功能。读文章遇到不知道如何发音的单词？ macOS 可以帮你读出来。没空看长文章？ macOS 一键把文字变成语音，让用户边走边听。有一堆零碎的知识不知道记哪里？打开便笺，把灵感"贴"在屏幕边上……这章将帮你把 macOS 变成可靠的学习工具。

3-1 词典

常常有使用 macOS 系统的用户问笔者，在 macOS 系统中哪款词典应用程序比较好，实际上，macOS 自带的词典就很好用。虽然它很不起眼，连系统默认的程序坞中都没有它的一席之地，但是它可不简单，除了提供多种查词方式，它还支持导入第三方词库，给了用户更多的选择。

下面笔者将从查词和词库两个方面教你如何"玩转"原生 macOS 自带的词典，让你学习语言的效率更上一层楼。

查词

和第三方的词典应用程序不同，你不用打开 macOS 自带的词典就能查词，而且查词方式非常灵活，不管你是习惯用鼠标还是习惯用触控板，也不管你喜欢怎样的手势操作，总能找到顺手的查词姿势。

第一种方式：你可以通过在触控板上三指轻点或者单指用力点按来查词。2019 年在售的 MacBook 都支持 Force Touch 压力感应，选择用力点按可以获得更流畅的体验。当然，具体选择哪一种方式，你可以在系统偏好设置的触控板窗口中进行调节，如下图所示。

第二种方式：你可以在选中单词后单击鼠标右键或者双指轻拍触控板来调出查询菜单，选择查询 XXX（XXX 即你选中的词）来查看选中单词的释义。对于不支

持 Force Touch 的老款 MacBook 和外接触控板来说，这也是一个不错的查词方式，如下图所示。

第三种方式：作为前两种方式的补充，在选中生词后可以通过按 Control +Command + D 组合键来查词。如果你正在使用鼠标，那么前两种手势操作就用不上，此时可以使用快捷键实现快速查词。

第四种方式：使用 Spotlight 进行查词。和上面三种方式不同，呼出 Spotlight 后你可以直接输入单词来获得相应的释义，如下图所示。

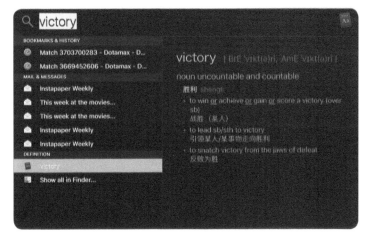

第五种方法：如果你想获取来自某特定词典的释义，又不想打开词典应用程序的话，可以借助系统自带的自动操作。首先，在自动操作中新建一个工作流程，在第一步选好想要的词典，然后，按照下图所示依次添加词典。

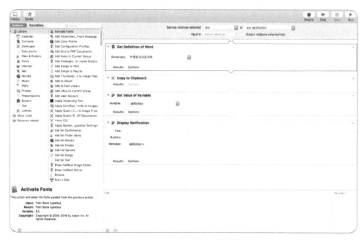

保存这个工作流程后打开系统偏好设置窗口，依次单击键盘 →快捷键→服务，找到新建的服务，启用该服务后为它设置一个快捷键，如下图所示。

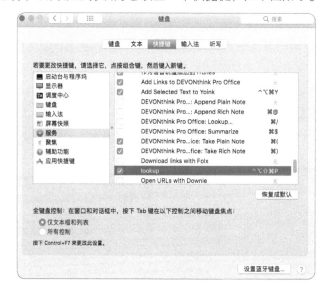

当你需要查词时，只需选中该单词，然后敲击快捷键，就能在通知中直接查看单词的释义了，如下图所示。

词库

macOS 自带的词典的词库比较小，内容也不够本地化。不过，macOS 自带的词典支持导入第三方词库，这样一来用户就可以根据自己的需求选择不同语言、不同难度、不同功能的词库了。

原生词典支持导入 mdx 和 StarDict 两种格式的第三方词库，你可以直接从 PDAWIKI 论坛下载一些用户制作好的词库，放入词典文件夹后即可使用。这个文件夹不需要在访达中去找，只要打开词典应用程序后依次单击 文件→打开词典文件夹 就能直接打开词典文件夹了，如下图所示。

把第三方词库文件放到词典文件夹以后，在词典中依次单击菜单栏上的词典→偏好设置，在词典列表的底部就能看到新添加的词库了。如果想要启用这个新词库，只需要在前面的方框里打钩就行，还可以通过拖动词库在列表中的位置来改变词库在词典中的显示顺序，如下图所示。

后记

macOS 自带的词典虽然没有各种强大的附加功能，如单词本、联网翻译等，但是它把纯粹的查词功能做到了极致，没有任何干扰用户的元素。macOS 自带的词典各种各样的查词方式可以满足不同场景下的查词需求。macOS 的用户不用借助第三方工具就可以轻松查单词。

3-2 将网页打印为 PDF 文件

对很多人来说，PDF 是一种方便的阅读格式，将 PDF 文件传送给别人时不用担心格式问题，甚至在微信、QQ 等聊天工具里也能直接查看 PDF 文件。所以，当遇到一个有趣的网页时，把它用 PDF 格式保存下来是一个不错的选择。

直接把网页保存成 PDF 文件可能会把一些不需要的元素甚至广告保存下来，阅读体验不佳。此时，我们可以先开启 Safari 的阅读模式，获得更干净的页面后再保存网页，如下图所示。

① 在 Safari 中按 Option + Command + R 组合键开启阅读器模式，只显示网页上主要的文章内容。

② 按下 Command + P 组合键打开打印界面。别担心，你不用真的连上打印机，也能把网页用 PDF 格式保存下来。

③ 单击打印页面左下角的 PDF →存储为 PDF，在弹出的保存页面填写文件名和保存的位置，单击存储按钮以后，网页就被保存下来了，如下图所示。

这就是笔者知道的最简单的保存网页的方法了。如果你经常需要保存网页，下面两个小技巧还可以让你保存网页的效率更高。

更快地打印

你是不是厌烦了每次都要单击 PDF → 存储为 PDF？教你一个办法，按下 Command +P 组合键，打开打印界面，直接再按一次 Command + P 组合键就能直接将网页保存为 PDF 文件了。

打开系统偏好设置 → 键盘 → 快捷键，单击应用快捷键选项，然后单击下方的加号按钮，为 Safari 新增一个自定义快捷键，将菜单标题设置为"存储为 PDF"，将对应的快捷键设置为 Command + P 组合键，如下图所示。

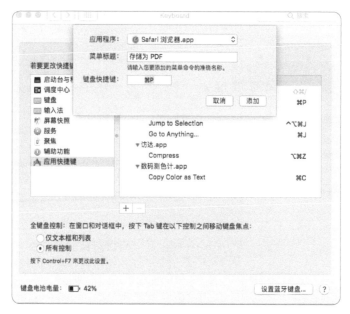

需要注意的是，具体的菜单标题应该根据系统语言不同而有所不同。例如，在中文系统中是"存储为 PDF"，而在英文系统中则是"Save as PDF"，请根据自己电脑的情况灵活调整。

事实上，如果你手够快的话，直接按 Command + P + P 组合键（按住 Command 键的同时连按两次 P 键），也能够快速打印网页。

把网页打印成一张"长图"

PDF 文件虽然没有什么格式兼容性上的问题，但打印好的 PDF 文件是一页一页的，难免会有几页因为排版问题而出现大面积的空白，有时甚至会出现配图和文字说明不在同一页的现象，阅读体验比原网页还是差了一点，如左图所示。

其实，在保存网页的时候稍微做一点调整，就能把网页用"长截图"的形式保存下来。

我们回到打印界面，此时先不保存为 PDF，而是单击 PDF 选项边上的显示详细信息按钮，如下图所示。如果看见的选项是隐藏详细信息，说明你已经开启过相关设置，可以直接跳到下一步。

接着单击纸张大小 → 管理自定义大小，把右上角的高度选项的数值设得大一些，如下图所示。对于类似本书这样图文比例的文章，一般 1000 毫米的文档就能完整保存一篇一千字左右的网页了。

接着照常保存下来,就能获得一份与"长截图"一样的 PDF 文件了,如下图所示。

注：本技巧的发现者为少数派作者 Maxi。

3-3 整理桌面文件

出于方便，不管是临时要改的文档，还是刚刚下载的图片，我们都习惯把它们直接放在桌面上。这样虽然方便，但一不留神桌面就成了"垃圾堆"，被各种文件侵占。

有没有快速清理桌面的方法？ macOS 10.14 系统引入的堆栈就是一个能一键整理桌面的功能。

直接在桌面上单击鼠标右键，选择堆栈，会看到所有的文件都被按照种类"堆"成了几堆，如下图所示。如果需要其他的分类方式，可以在右键菜单的堆栈分组方式中选择按日期或者按标签来整理。

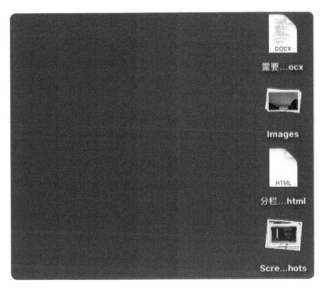

使用文件堆栈后，可以单击任意一堆文件来查看其中的文件，这样寻找文件的速度能快不少。

以后桌面实在太乱找不到文件的时候，可以用这个方法来做一个简单的清理。不过，真正"治本"的方法还是在平时做好文件的整理。

3-4 选中在 Safari 中无法复制的文字

有的网页不允许我们直接复制其中的文字；超链接里的文字因为容易误打开链接也难以复制下来。遇到这些情况，似乎只能老老实实手打一遍相关的文字；如果你想复制的文字是日语或别的你不懂的小语种，如下图所示，估计就只剩下"干瞪眼"这一个选择了。

其实，Safari 的页面内查找功能可以用于复制文字。

① 在 Safari 页面中按下 Command+F 组合键，输入你想要复制部分前后的文字，用于定位。

② 连续按几次回车键，将鼠标光标定位到想复制部分的附近。

③ 按一下 Esc 键，会看到刚才用于查找的文字已经被选中了。

④ 接着视情况按几下左、右方向键，直到把真正想复制的地方也选中，然后按一下 Command+C 组合键，即可复制成功，如下图所示。

3-5 把 Wi-Fi 共享给移动设备

不少学校提供的 Wi-Fi 账户只允许一台设备登录，而我们往往需要同时使用手机、电脑甚至其他设备，于是不得不频繁退出、登录，这样操作起来很麻烦。

用 macOS 比较久的读者可能知道，macOS 可以"变身"为无线路由器，把有线网络转换成无线网络再共享给其他设备。这个操作实际上只需要三步。

① 打开系统偏好设置 → 共享中的互联网共享。

② 设置共享以下来源的连接为 USB 10 /100 LAN，表示共享来自有线网络的信号。

③ 设置用以下端口共享给电脑为 Wi-Fi，如下图所示，这就能让 macOS 发出无线信号了。

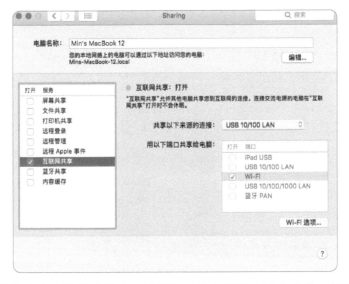

上述操作在宿舍等提供固定有线网络的地点还是比较方便的。但是图书馆、自习室等地点一般都只提供无线网络，新款的 MacBook 也不再配备有线网络接口，老方法难以再有用武之地。其实， macOS 还提供了一种用 Lightning 数据线来共享网络的方式，可以解决共享 Wi-Fi 的问题。

在 macOS 的系统偏好设置 → 共享中，我们先选择内容缓存选项，这一步可能需要加载两到三分钟。加载成功后（会显示内容缓存：打开），再勾选共享右侧的互联网连接，如下图所示。

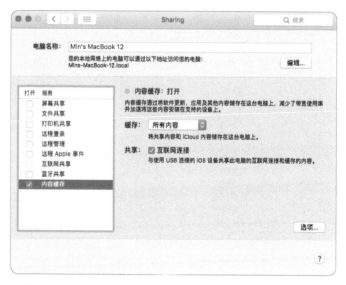

然后再将移动设备连接到 MacBook ，就能让两台设备同时上网了。其实内容缓存最初的设计用意是把 App、系统安装包等内容先缓存在 macOS 设备中，以加快后续将这些内容安装到 iOS 设备上的速度，不过通过这一功能也可以实现多设备同时上网。

这个技巧的发现者是少数派作者 @czh-kira，他平时需要同时拿 MacBook Pro 和 iPad Pro 来做笔记，于是发现了这个 macOS 自带的功能。

3-6 发音

在语言学习中，除了要知道释义，掌握单词的发音也非常重要。如果对英语只会写而不会说，在工作和生活中会比较吃亏。

其实，靠智能设备来纠正发音非常方便。在 macOS 中，可以通过多种方式来便捷地获取单词的读音，让自己的发音更加标准。

第一种方式：可以在选中单词后，单击鼠标右键呼出菜单，然后依次单击语音→开始讲话（在其他应用程序中对应的也可能是"开始朗读"），如下图所示，你就能立刻听到选中单词的读音了。

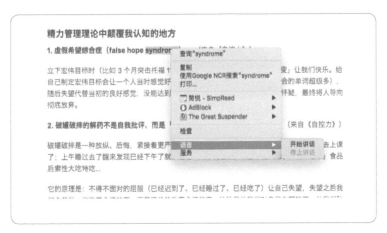

　　第二种方式：如果你经常需要听单词的发音，可以为这个朗读功能设置一个快捷键，选中文本后触发预设的快捷键，可以更加快速地获取单词发音。打开**系统偏好设置→ 辅助功能 → 语音**，在按下按键时朗读所选文本的选项前打钩，如下图所示，即能为朗读功能设置键盘快捷键，默认的快捷键是 Option +Esc 组合键，也可以根据自己的喜好设置其他的快捷键。在同一个设置界面下，还可以选择不同的系统声音，并且设置朗读速度。

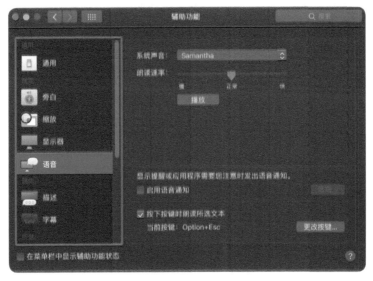

　　第三种方式：你还可以用一种更极客的方式来获取单词的发音。打开终端后，输入以下代码（以 love 为例），如下图所示。

```
say love
```

　　系统就会立刻发出 love 的英文读音。

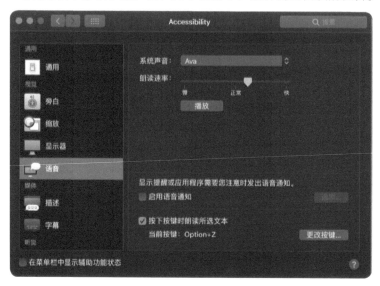

除此之外，如果你觉得系统默认的发音不好听，还可以在系统偏好设置的辅助功能 → 语音选项中修改系统声音，如下图所示，选择自己喜欢的发音。

3-7 便笺

GTD 方法风靡世界，但并不是每个人都需要 GTD 方法，可能你需要的只是简单轻便的提醒功能，此时，macOS 自带的便笺就足够好用。

使用便笺非常简单，当你需要创建新的便笺时，只需要按下 Command+N 组合键；当你需要关闭当前的便笺时，只需要按当下 Command +W 组合键。

在默认情况下，便笺是不透明的，所以在你学习的时候打开便笺会挡住你正在使用的窗口。但是，很多情况下你需要边对照便笺里的内容边学习，这时候便笺自带的模糊功能就发挥作用了。在窗口菜单下勾选半透明选项，如下图所示，或者按下 Option+Command+T 组合键，你正在编辑的那张便笺就会变成半透明的状态，不再会挡住后面窗口的内容。

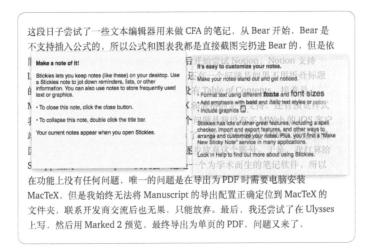

当你屏幕上的便笺数量太多时，会遮住屏幕上大部分的空间，即使将便签设置成半透明状态也无法解决这个问题，这时候需要将便笺折叠起来。单击便笺右上角的正方形按钮，或者使用 Command +M 组合键即可将便笺收起来，便笺收起来的效果如下图右侧所示。

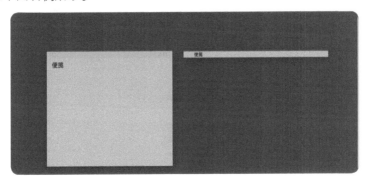

如果你想把所有的便笺都收起来，这里有一个更加方便的办法。在窗口→排列中选择任意一项，就可以将所有便笺收起并排列在屏幕的左上方，效果如下图所示。

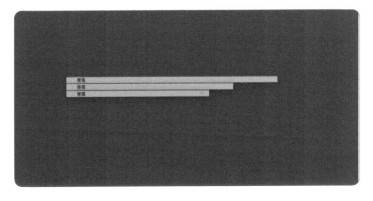

很多朋友喜欢把所有的便笺都一字排开，这样对自己记录的信息便一览无余了，但太多便笺在屏幕上经常会排布得乱七八糟。其实便笺是可以对齐的，只需要将其中一个便笺拖到另一个便笺旁边，当两个便笺的边接近同一条水平线或者同一竖直线时，系统就会产生一种微妙的"吸附感"，自动帮助你将两个便笺对齐，效果如下图所示。

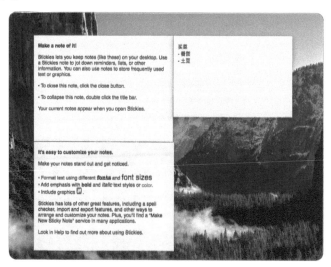

3-8 避免屏幕休眠

在图书馆、自习室里，你应该见过这样的景象：某位同学边看手机边写字，写上半行就点一下屏幕。问他何故，原来是在抄写，频频点屏幕是防止手机休眠。

你可能忍不住想夺过他的手机，把锁屏选项前的时间调到"永不"。但是，当我们自己在使用 macOS 的时候，可能也会犯这种手动激活以避免休眠的错误。

不用担心，和手机一样，下次你可以在系统偏好设置 → 节能选项中将此时间段后关闭显示器调整为永不，如下图所示，这样你的电脑屏幕就不会经常变"黑"了。

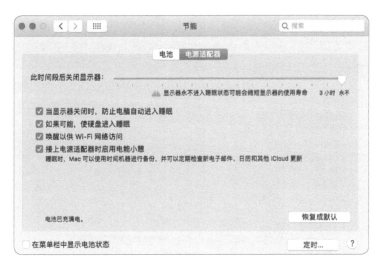

上面这个方法有点"粗暴"，万一忘了关闭上盖，电脑的电用完了可就不妙了。对此，可以用下面这个进阶技巧设置具体的休眠时间。这个方法需要用到命令行，在终端中输入或粘贴以下命令。

```
caffeinate -u -t 14400
```

你可以将 14 400 改成其他的数字，这个数字的单位是秒，对应的是你想让屏幕保持常亮的时间。

如果你想中途终止这个指令，让屏幕点亮时间恢复为默认，只需要在终端中重新输入 caffeinate 命令，然后按下 Control+C 组合键，如下图所示。

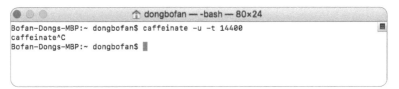

3-9 文字转语音

当我们不知道一个词语的发音时，可以启动朗读功能来读出这个生词。那么，想听一大段文字甚至一整篇文章，又该怎样操作？不妨使用朗读功能来听全文，或者直接用脚本编辑器把文字转成 mp3 文件，以便随时随地都能听。

通过右键菜单中的朗读功能读出英文时，停顿比较标准，生成的语言可以直接用于听力练习，如下图所示。

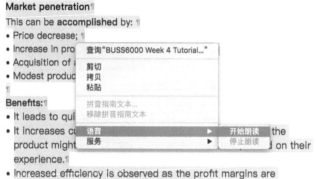

虽然朗读功能已经适配了大多数系统原生应用和第三方应用程序，但还是有一些应用程序无法使用朗读功能，并且有些应用程序使用朗读功能后得到的语音也无法保存。这时候，系统自带的脚本编辑器就可以发挥作用了。

打开脚本编辑器后输入如下代码。

```
say "You are not alone" saving to POSIX file "~/Desktop/文件名.mp3"
```

在 say 后面的引号内填入你想要朗读的文字，文件名可以改成你喜欢的文件名称。

下图中的示范代码以阅读 You are not alone 和保存文件到桌面为例。单击左上角的运行按钮后，系统会在桌面生成一个名为 Lyrics 的 mp3 格式的文件，单击就能听到被处理文字的语音了。

你也可以保存这个脚本以方便日后使用，使用时只需更改文字内容和文件名即可。

学会这个的技巧后，不论是来不及读的文章，还是想用来练习听力的外语文章，甚至是一个英文网页，都可以随时让它们发声，甚至保存成为 mp3 格式的文件，让自己在通勤路上、自习室里"想听就听"。

3-10 自动化压缩 PDF 文件

在学习的过程中，我们常常会接触 PDF 格式的课件、论文、报告等文件，它们虽然阅读起来兼容性好、不"挑"操作系统，但有些 PDF 文件包含了大量的图片，它们的体积很大。如果你习惯把网页保存成 PDF 文件，那十几兆字节甚至几十兆字节的 PDF 文件也不少见。

PDF 文件体积过大会造成很多问题。首先，它会占用不少的硬盘空间，其次，它在分享的过程中会耗费大量的时间和流量，而且很多网络服务都会限制上传文件的大小，所以大体积的 PDF 文件很容易出现上传失败的现象。

除了下载第三方 PDF 文件压缩软件，我们其实还能用 macOS 自带的自动操作应用程序来自制一个 PDF 文件压缩工具。

打开自动操作应用程序后，新建一个服务，首先在界面顶端把"服务"收到特定的后面的选项改为 PDF 文件，把位于后面的路径改选项为访达 .app，然后添加压缩 PDF 文稿中的图像组件，把压缩：后面的路径设置为 JPEG，把质量：调为最低，然后再添加一个移动访达项目组件，把至：后面的选项改为你想放置压缩后 PDF 文件的目标文件夹，最后保存这个服务并重命名为"压缩 PDF"（也可以使用其他名字），如下图所示。

之后每次想压缩 PDF 文件时，只需要在访达中用鼠标右键单击该文件，然后在右键菜单中选择服务 →压缩 PDF 即可，压缩后的 PDF 文件就会出现在预设的文

件夹中。下面是一个压缩 PDF 文件的例子，左边是原文件，右边是压缩后的文件，可以明显看到两者大小的差异。

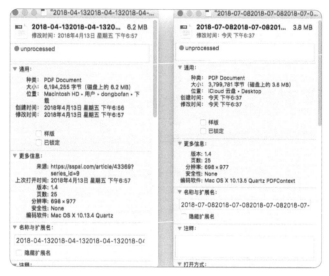

如果你仔细查看，会发现压缩后的 PDF 文件的画质损失并不明显，清晰度也没有太大的下降。

一般来说，除了对于色彩有较高要求的画册、影集，一般的 PDF 文件还是值得用压缩工具来减小文件大小，以换取更小的空间占用和更快的传送速度。

3-11 下载网页中的 PDF 文件

不少网页提供了 PDF 文件供用户下载，但是 Safari 有时过于"殷勤"，直接在新标签页里帮你打开了 PDF 文件，而不是老老实实把它下载下来。

也许你会说：之前不是介绍了打印网页为 PDF 文件的技巧吗？直接打印不就好了。其实不然，许多 PDF 文件本身是带有目录的，直接通过 Safari 打印的话会导致目录丢失，不便于以后检索 PDF 文件。

遇到这种通过 Safari 无法下载的 PDF 文件，我们可以借助终端进行下载。

首先，复制 PDF 文件的链接，再打开终端，输入相应的代码（- O 中是大写的字母 O，不是数字），如下图所示。

然后，你就会看到用户文件夹中出现了你想要下载的 PDF 文件了。

第 4 章
巧用 macOS 进行娱乐

会工作，也要会玩，适当的放松可以让人在工作时精力更加充沛。

娱乐也可以很高效，只需要一点简单的技巧，就能避开铺天盖地的广告和烦琐的操作，专注于自己最喜欢的音乐、视频或者照片。

你还在四处搜罗盗版电影和音乐？考虑一下 iTunes 和 Apple Music 里实惠的优质资源吧，不仅有学生优惠，还能一人购买、全家享受。想剪辑一段旅行纪念视频，却苦于不懂复杂的剪辑知识？ macOS 自带的视频播放器就有一看就懂的视频编辑功能……macOS 拥有完备的音乐商店 iTunes、干净的视频播放器 QuickTime、智能的照片管理器 Photos……这些工具可以让你真正放松自己。

学会这一章的 macOS 技巧以后，你能玩出和别人不一样的花样。

4-1 电脑空间"吃紧",把照片图库迁移到移动硬盘吧

爱拍照、爱收集好看图片的人,手机和电脑容量总是频频"报警",如果你还在使用 128GB 的 MacBook,磁盘容量就更加捉襟见肘了。有的人会选择把照片原件存储在 iCloud 中,但是网络是一个不确定因素,有一个本地的照片数据库会更让人安心。

不妨把照片图库迁移到移动硬盘中,为电脑磁盘腾出一点空间。当然,迁移到普通的 U 盘也没问题,但是要注意 U 盘的读写速度要够快。

首先,直接在访达的图片文件夹中找到照片图库 .photoslibrary,如下图所示,它就是我们的照片数据库。直接把整个照片数据库文件复制到移动硬盘里,就完成"搬家"工作了。如果你打算把照片完全备份到移动硬盘里,那么把原文件删掉也无妨(但是请做好备份,以免找不回重要的数据)。

接下来打开照片应用程序,系统会提示找不到数据库,如下图所示。

别急,我们把照片应用程序和搬家后的数据库建立联系。

单击打开其他 ... 按钮。

在选取图库窗口选择移动硬盘中的数据库（系统会自动识别整个内置磁盘和外接硬盘中的数据库），如下图所示。

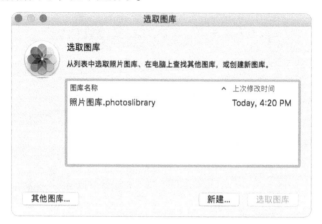

这样你就把照片应用程序和新数据库建立联系了。如果之前你设置过相册、给照片评过分，此时，相应内容也会显示出来。之后连接移动硬盘再导入新照片以后，新照片也会自动出现在移动硬盘的照片图库里，不需要重新设置。

要是你打算让移动硬盘中的数据库获得完整的功能，需要以下操作。

①确保移动硬盘的格式是 Mac OS 拓展（日志式）。

②在照片应用程序的通用设置中单击用作系统照片图库按钮。

要是你不知道硬盘的格式是什么，可以用 macOS 自带的磁盘工具把硬盘格式化一次，在格式化的时候选择 Mac OS 拓展（日志式）格式。

此后你就可以正常使用 iCloud 照片同步、iCloud 照片流和照片共享了，如下图所示。

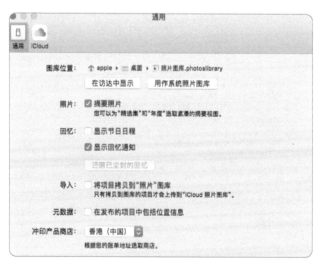

4-2 不需要专业摄影知识也能修出好照片

对于爱拍照的人来说，修图工具一直是关注的焦点，有人喜欢简单的 Snapseed，有人更青睐专业的 Photoshop。如果你有"选择困难症"，不如用 macOS 自带的照片应用程序对图片做后期处理。

调整画面、套用滤镜或裁剪图片

选中图片后单击右上角的编辑按钮，可以看到非常丰富的功能选项，功能主要分为调整、滤镜和裁剪三大类，如下图所示。

这些功能多数和 iPhone 相册应用的功能类似，但也有不少是 macOS 特有的，这里着重介绍其中两个。

一个是润饰工具。它其实就是我们熟悉的污点修复工具，能够把画面中多余的部分涂掉。下次有"不速之客"闯进了你的镜头时，就可以在照片应用程序里将其涂掉，而不用专门去找其他的修图工具了，如下图所示。

另一个则是锐化工具。利用它可以一定程度上提高照片的清晰度。如果采光不佳，我们的照片常常会显得很模糊，或者物体的边缘都是"幻影"，其实这些"废片"可以交给锐化工具来"拯救"。即使你不太懂得摄影后期的知识，也可以单击一下自动按钮来获得相对不错的效果，如下图所示。

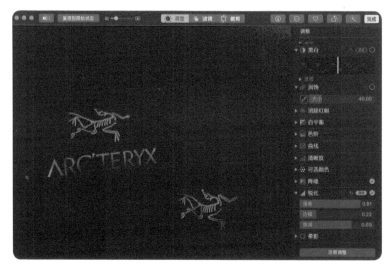

功能不够用？第三方工具来帮忙

对于照片应用程序来说，简单调节画面自然不在话下，但如果想进一步抠图、标注，就需要其他工具了。

照片应用程序提供了两种方法，让你可以直接调用第三方工具来编辑照片。

第一种方法是选中一张图片，单击右上角的编辑按钮，在编辑界面单击左上角的圆圈按钮，选择一个第三方工具，如下图所示。

这种方法可以直接在照片应用程序中调用第三方工具来编辑图片，不需要打开其他应用程序，比较方便，如下图所示。

如果想要进一步编辑图片，可以在菜单栏的图像 → 编辑工具中选择一个工具，转到第三方工具里继续编辑，如下图所示。

编辑完成后直接单击保存按钮，就能把刚才的改动应用到照片应用程序中的图片。这种"原地编辑"的体验很棒，你不需要进行导入、导出、另存为等一系列烦琐的操作，只管创作更好看的照片就行了。

4-3 用 QuickTime 打造更好的影音播放体验

虽说 QuickTime 默认只支持 mp4、mov 等少数几种视频格式，在应用范围上难以和第三方的播放器抗衡，但是它在耗电量、流畅度方面有着不小的优势，我们不妨来挖掘一下 QuickTime 的潜力。

用 QuickTime 播放在线视频

观看在线视频时常常会遇到广告、弹窗等烦人的信息，如果你能获得在线视频的地址（有时通过单击鼠标右键选择拷贝视频地址选项就能获取），不如用 QuickTime 来播放它，以获得更清爽的观看体验。

依次单击 QuickTime 菜单栏的文件 → 打开位置，粘贴你刚刚获得的视频地址，单击打开按钮就能在 QuickTime 中播放在线视频了，如下图所示。

播放界面完全是 macOS 的风格，没有多余的元素，如下图所示。

不想用 iTunes，可以用 QuickTime 来播放音乐

iTunes 是不少人在 macOS 上欣赏本地音乐的首选工具，但是我们需要把歌曲导入 iTunes 才能播放，管理起来比较费力。如果只是想临时听一段音乐，iTunes 实在是太"重量级"了。

除了下载第三方播放器，其实 QuickTime 也能满足轻量级的播放需求。直接用 QuickTime 打开音频文件，会看见一个简单的播放界面，如下图所示。

如果你追求效率，此时也能通过敲击空格键来暂停或播放音乐，通过使用左方向键和右方向键控制播放进度。虽然快速查看工具也能播放音乐，但用快速查看工具播放时不小心按到空格键就会关闭播放界面，所以快速查看工具最适合的工作仅仅是"看一眼"，想坐下来安心享受音乐，还是用专门的播放器吧。

4-4 把 iTunes 变成自己的私人曲库

随着 Apple Music、Spotify 等流媒体平台的兴起，还在使用本地曲库的人似乎越来越少。但是，仍然有不少人更喜欢把音乐下载到本地，因为保存到本地给人的感觉更加踏实。而自己手动编辑歌曲信息、制作播放列表，也能够获得更加个性化的聆听体验。

当然，自己做歌单也不用每次都手动添加歌曲，iTunes 自带了智能歌单功能，只要设置好了条件，就可以自动更新歌单中的歌曲。

在 iTunes 左栏单击鼠标右键，选择新增智能播放列表选项，就可以看到歌单编辑界面。你可以在这里添加条件，添加完成后符合条件的歌曲会自动出现在对应的智能歌单中。

歌单一：最近添加的热门歌曲，如下图所示。

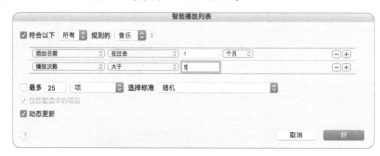

歌单二：好久没听的老歌，如下图所示。

歌单三：常错过的老歌，如下图所示。

这里还有一个小技巧，如果你想创建一个"包含最近 5 年发布的、歌手是萧敬腾或林志炫的歌曲"的歌单，可以在添加完年份、 在此范围内、2014 至 2018 的条件后，按住 Option 键，此时可以看到条件右侧的加号变成了三个点，单击它就能添加一组而不止一个新条件了。接着，添加下图所示的两个与艺人相关的条件，并且把它们的关系设为满足以下任一条件，就完成这个歌单的创建了。

记住，勾选最下方的动态更新选项，才能让 iTunes 中的智能歌单保持最新状态。

4-5 如果要剪辑一小段视频，也许 QuickTime 就够了

剪辑一词听起来就非常专业，似乎必须用专门的工具不可。其实，日常剪辑一些短视频的要求并没有这么高，比如制作一个旅行回顾、一段活动展示，可能仅仅需要简单的裁剪、拼接等基础功能，此时用 QuickTime 就足够了。

裁剪视频

拍摄或下载好一段视频素材后，我们往往只用得上其中一个片段。

针对这种需求，我们用 QuickTime 打开视频文件，依次单击菜单栏 → 编辑 → 修剪或按下 Command + T 组合键就可以开始裁剪视频。

调整黄色选区，选出需要的部分，满意后单击进度条右侧的修剪按钮，如下图所示。

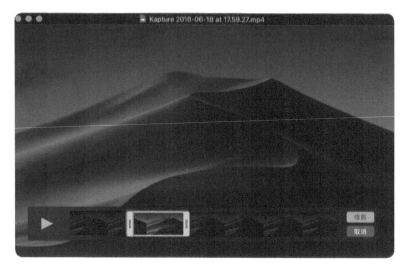

有时从网上下载的视频会带有一些不需要的开场动画，我们可以通过 QuickTime 来快速剪掉多余的部分。

拼接视频

除了裁剪视频，QuickTime 同样可以把多个视频"拼"在一起。

打开任意一个视频文件以后，直接把另一个视频文件拖到 QuickTime 的进度条上，就可以把第二段视频拼接进来，如下图所示。

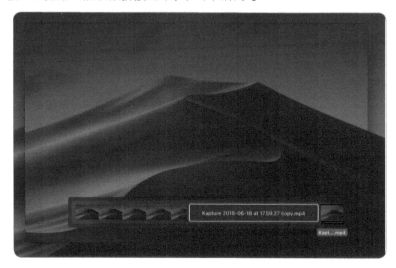

配合裁剪技巧，我们只用 QuickTime 就能把各个视频中所需的部分剪辑在一起，无论是用来回顾旅行的精彩瞬间，还是记录一场聚会活动，都能获得不错的效果。

提取音频

我们经常在电影中听到很棒的音乐，却苦于原声专辑尚未发布而找不到音乐文件。此时用 QuickTime 把音频 "抓" 出来也是一个选择。

用 QuickTime 打开视频后，依次单击菜单栏 → 文件 → 导出为 → 仅音频，就可以把视频中的音乐提取出来了，如下图所示。

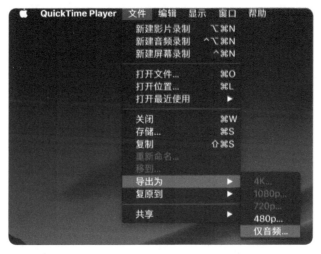

提取出来的音频是 m4a 格式，在 Apple 设备中能够直接播放，如果需要让音频在其他平台的设备上也可以播放，可能就需要一些音频转码工具了。

4-6 谁说 macOS 没有游戏，看看这几款内置的复古小游戏

"不能打游戏" 是大多数人对 macOS 的第一印象。实际上，macOS 当然能玩游戏，Steam、GOG 等游戏平台上不乏 "大作"。不过，这里要分享的不是这些第三方游戏，而是 macOS 内置的小游戏，不仅玩起来酷，连打开方式都酷得不行：需要你输入密码才能进入。

首先，打开终端，输入第一个密码Emacs，你会看到满屏幕的字符，如下图所示。

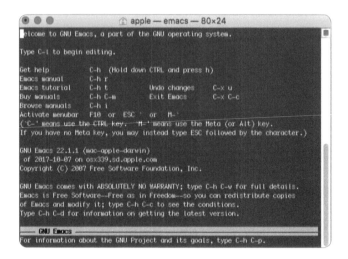

接着，按下 Esc +X 组合键，可以看到终端窗口的最下面出现了一行紫色小字，如下图所示。

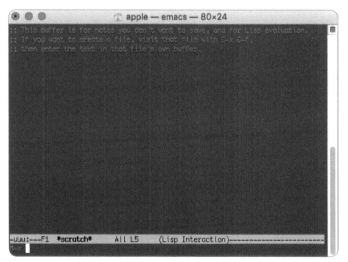

最后，输入游戏的"代码"，比如五子棋的代码 Gomoku，就可以打开相应的游戏，如下图所示。

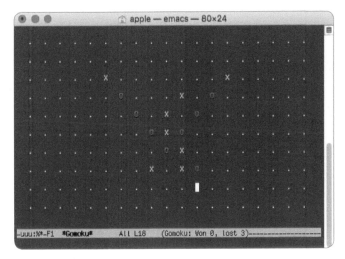

五子棋的玩法很简单，用上、下、左、右方向键移动鼠标光标，选好位置后按下空格键就可以落子。如果你输了（在这种简单的游戏中电脑占优势），可以按提示按下 y 键再开一局。

如果玩腻了想换游戏的话，可以再按一次 Esc + X 组合键，输入新的游戏代码即可。如果你想退出游戏，直接关闭终端窗口就好。

除了五子棋，macOS 还有其他的内置小游戏，一些常见游戏对应的代码如下。

◎ 5X5 聪明格：5x5。

◎ 贪吃蛇：Snake。

◎ 俄罗斯方块：Tetris。

◎ 乒乓球：Pong。

除此之外，想挑战自己的话还可以试试文字游戏 doctor、解谜游戏 blackbox。你会发现这些像素风的古董游戏玩起来一点也不轻松，非常"烧脑"。也许在旁人看来，玩这些游戏的你本身就非常酷了。

4-7 误删了 iCloud 文件？别急，你可以把它们找回来

在使用电脑的过程中，我们最害怕的可能就是数据丢失了。当我们不小心误删文件时，在 macOS 中至少还有回收站让我们可以找回文件，但如果你通过 iOS 设备删除了照片、文件，又通过 iCloud 影响了 macOS，很可能连垃圾桶里也没有刚刚删掉的文件了。

如果遇到了这种情况，不用着急，可以通过网页版 iCloud 找回误删的文件。

首先登录网页版 iCloud（网址：https://www.icloud.com），根据提示输入 Apple ID 和密码，如下图所示。

接着单击设置图标，在左下角找到高级选项并单击，你可以看到一系列与恢复内容相关的功能，现在我们以恢复文件为例，如下图所示。

　　单击该选项后，iCloud 就会开始搜寻能够恢复的文件，由于文件数量的不同，iCloud 将耗时几分钟到十几分钟不等。搜索结果可以按照删除日期、名称或大小来排列，方便你找到需要恢复的项目。勾选文件前面的复选框，然后单击右侧的恢复按钮，就能把文件放回原来的文件夹，如下图所示。

　　如果你把桌面文件夹同步到了 iCloud ，那么从桌面删掉的文件也会出现在这里。当然，除了恢复文件，如果你对隐私有较高的要求，也可以在选好文件后删除它们，避免泄露重要文件。

需要注意的是，iCloud 只能帮你保存最近 30 天内删除的文件。其实总去 iCloud 中找文件也不方便，还是应该提前做好备份工作，免得到时候"灰头土脸"。

4-8 用家庭共享和你的家人一起听音乐、看大片

还记得 iPhone 刚刚在国内流行起来的时候，笔者就学会了在 iTunes 商店购买音乐，不过这种赶时髦的行为总是遭到朋友的"白眼"，买歌还要花钱？几年过去了，为正版影音内容付费已经见惯不怪，而 Apple 公司所提供的内容有一个让人心甘情愿掏钱的优势——它的家人共享功能实在是太超值了。

Apple 公司的家人共享最多可以让 6 位家庭成员参与，你在 iTunes 里买过的音乐和电影、在 iBooks 里买过的电子书、在 App Store 中买过的 App 甚至音乐等内容都能够让其他家庭成员免费享用。

在系统偏好设置 → iCloud → 家人共享 中，你可以把自己设置为家庭共享的组织者，然后邀请其他成员加入，如下图所示。之后你买过的内容大家就都能享用了，当别人买东西时，也会优先扣除你账户上的余额，所以不要把支付密码随意告诉"熊孩子"哦。

上面的操作过程非常简单，但是需要注意以下两点。

① 家庭成员的账户必须在同一个区域，比如都在中国区。

② 作为组织者，你的账户必须绑定了银行卡或者别的支付方式。

近几年，大家渐渐认识到"免费的才是最贵的"，为了更好的体验，愿意为正版资源付费的人越来越多。不过仍然有一些人不能理解为虚拟商品付费的行为，或者单纯觉得注册账号很烦琐。这时候，家人共享功能的优惠和方便之处就显示了出来。如果你希望带给家人更优质的正版影音资源，不妨开启家人共享功能。

第 5 章
macOS 的系统维护技巧

下载的文件全是乱码，根本没法查看？上周的项目报告书找不到了，不得不连夜重写？遇到使用 Windows 系统的朋友，折腾半天也没法把文件发送给他？

上述使用 macOS 中遇到的各种问题，会给工作和学习带来不少麻烦。在这一章你将学到常用、实用但鲜为人知的系统维护技巧，学会以后你不用每次都抱着电脑去找维修点求救，也不必总是麻烦同事。

掌握这些一章的技巧以后，你不仅能够轻松应对自己电脑中的问题，对朋友遇到的"疑难杂症"也能一道解决，成为周围人心目中的 macOS 高手。

5-1 文件搜索

随着电脑内文件的增多，如何快速定位需要的文件成为必须解决的问题。平时做好文件整理工作固然重要，但是如果记不住文件在哪儿，搜索功能就可以派上用场。

各个系统中都有不少应用程序试图在这方面帮助用户。其实，macOS 本身就带有强大的搜索与定位功能，只需要记住文件的几个特征就能快速找到它们。

基础搜索

先来看一种最基础的搜索方式。打开访达，在菜单栏中依次单击文件 → 查找或按下 Command + F 组合键进入搜索状态，就能看到搜索框。

此时，对于输入的搜索短语，访达会列出所有与之相关的文件或文件夹。例如，搜索图像一词，结果包含了名称含有该词、种类符合该词、内容含有该词等多种结果。名称或内容中含有"图"和"像"两个字的文件也会显示出来，也就是说搜索短语会被拆分。要搜索一个确切的短语，可以将它放在引号（""）中。经过测试，在中文系统中，中英文引号都可以。此外，在搜索框下方还会给出一些搜索建议，可以单击切换至这些搜索条件。

在默认情况下，搜索的范围是这台 Mac。然而，有时我们需要在当前文件夹中进行搜索，可以单击工具栏下方这台 Mac 后面的文件夹名称进行切换，如下图所示。

在访达的偏好设置中，可以更改默认的搜索范围。开启使用以前的搜索范围后，可以让访达记住以前的搜索范围，比如上次是搜索此 Mac，那么这次也是，如下图所示。

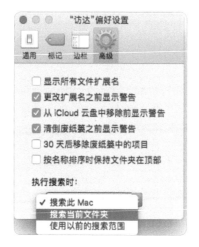

多条件搜索

有时只输入一个关键词，可能会搜出几十、上百个结果，想要获得更精确的搜索结果，可以增加一些搜索条件。单击搜索框最右侧的加号、减号可以增加或删除搜索条件，通过拖动搜索条件，能够对搜索条件进行排序，如下图所示。有了更多的条件，就等于多了几次过滤，搜索结果会更加符合预期。

　　macOS 提供了多达几十项的搜索属性，包括了文件相关的各个方面。但是，默认情况下只在搜索属性菜单中显示名称、标记、内容等少数几项。在属性列表的最下方可以自定义需要显示的项目，如下图所示。对于日常的搜索，组合使用系统提供的这些选项已经足够了。

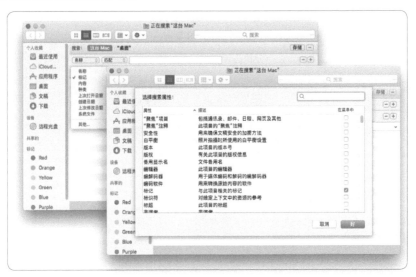

保存搜索配置

　　看完上面的搜索技巧，你一定觉得，虽然搜索的精确度上去了，但每次都要这样操作也太麻烦了……实际上，如果经常进行相同类型的搜索，在第一次设置好搜索条件后，以后单击一下就可以直接搜索。

　　可以单击访达最右侧的存储按钮将搜索条件保存起来，默认保存位置为 /Users/ 用户名 /Library/Saved Searches。在保存对话框中，勾选添加到边栏复选框将其添加到左侧的个人收藏区域，再次需要时单击即可，如下图所示。

　　这也是智能文件夹的创建方法。智能文件夹能够聚合电脑中所有符合条件的文件或文件夹，而且不占用实际磁盘空间，里面显示的文件也在原来的位置。访达栏中的最近使用其实也是一个智能文件夹，其作用是便于用户快速找到最近打开过的文件。

屏蔽搜索结果

并不是所有文件都需要显示在搜索结果中。比如一些系统文件，我们平时不需要使用，不小心修改了它会带来麻烦，那么可以在搜索结果中屏蔽这些文件夹。

打开系统偏好设置 → 聚焦，在隐私选项卡中通过下方的加号、减号增加或删除需要屏蔽的文件夹，如下图所示。需要注意的是，此处的隐私设置也会影响 LaunchBar 等第三方软件的搜索结果。

快速定位

除了直接使用访达，在打开或保存文件对话框中，同样可以通过搜索快速切换至需要的位置。

以预览工具为例，在保存对话框中单击文件名输入框右侧的三角图标，可打开或关闭完整的对话框窗口，如下图所示。在完整的对话框窗口中，可搜索目的地文件夹，从而快速切换。

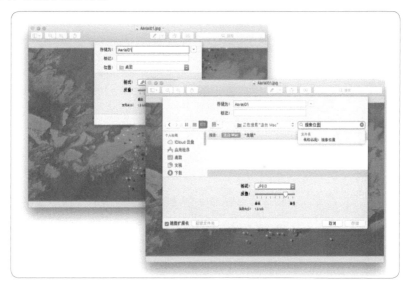

5-2 自定义文件图标与文件夹背景

在访达中，文件图标大部分千篇一律，虽然看起来比较整齐，但是用户很容易混淆。如果能够改变文件和文件夹的图标，扫一眼就能知道里面的内容大致是什么，那查找起文件来就方便多了。如果你比较有兴趣，也可以制作一些个性化的图标，让访达更加漂亮，如下图所示。

首先，需要选择合适的图标，这里介绍几种图标来源及其使用方法。

① 网页中的图片：使用 Safari 打开网页后，用鼠标右键单击图片，在右键菜单中选择拷贝图片，注意不是拷贝图片链接。此外，应该注意图片的尺寸和体积，分辨率一般应该在 256 像素 x256 像素以下。

② 电脑中的图片：使用预览工具打开后，拖动鼠标光标选择需要的区域，然后按下 Command + C 组合键进行复制。尽量使选择区域接近正方形，这样可以使图标更加好看。

③ 某文件或文件夹使用的图标：选中该文件后，按下 Command + I 组合键打开其简介窗口，单击窗口左上角的图标，然后按下 Command + C 组合键进行复制。

④ macOS 系统自带的图标：这些图标都在 /System/Library/CoreServices/CoreTypes.bundle/Contents/Resources/ 文件夹中，如下图所示。其中包括系统在各处使用的图标，以及 Apple 公司各代产品的图标。

然后，选择要自定义图标的文件或文件夹，按下 Command + I 组合键打开其简介窗口。对于前三种来源，按照上面的方法复制后，单击简介窗口左上角的图标，按下 Command + V 组合键进行粘贴即可。对于 macOS 系统自带的图标，直接拖动图标文件，放置到简介窗口左上角的图标处即可，如下图所示。

自定义图标以后，如果想要恢复原来的图标，可以按下 Command + I 组合键打开其简介窗口，选择窗口左上角的图标，按下键盘右上角的 Backspace 键使图标恢复为默认。

需要注意的是，应用程序在升级后会自动刷新图标，并覆盖自定义的图标。平时看到喜欢的图标可以提前保存起来。

对于许多追求美观的用户来说，自定义访达文件夹的背景是必不可少的一环。其实现方法也很简单。

打开想要自定义的文件夹，按下 Command + C 组合键使其以图标方式显示。

按下 Command + C 组合键打开显示选项，选择其下方的背景配置中的图片，然后按照提示拖动图片到相应位置即可，如下图所示。

5-3 进行系统清理，有效利用磁盘空间

相信系统空间里的其他对于很多 macOS 用户来说都是一个神秘的内容。它是什么？为什么占了那么大的空间？能不能清理？

不仅是这些碍眼的其他，电脑运行速度慢了、磁盘空间不足了，都需要清理一下。在 macOS 系统中我们到底该清理哪些内容，又该以怎样的方式清理，这是本节要讲的内容。

"垃圾文件"到底是什么

在执行清理前，要先搞清楚需要清理哪些文件，以及能够清理哪些文件。清理的对象大致可分为以下两类，

首先是系统垃圾，一般由日志文件、临时文件与缓存文件、残留文件等构成。

◎ 日志文件是系统或应用程序生成的用于记录运行情况、错误信息、崩溃信息的文件。在系统或应用程序运行出错，需要官方诊断问题、进行修复时，这些文件是十分必要的。但是对于一般用户而言，可以放心对其进行清理。

◎ 临时文件与缓存文件是系统或应用程序在运行过程中，为了加快启动速度、提高运行效率等生成的文件。清理这些文件可能会造成清理后首次启动与加载时间变长，需要再次下载应用程序或生成一些必要的文件。以浏览器为例，清理会造成网站登录信息失效，打开后需要再次登录。因此，除非磁盘空间告急或应用程序运行出错，一般不建议也不需要清理这些文件。

◎ 残留文件是指应用程序卸载后遗留在系统中的资源或配置文件。保留这些文件可以让用户再次安装该应用程序时，延续之前的配置，免去一些麻烦。但是在卸载应用程序时，如果能够让用户自己决定是否保留这些文件应该会更好一些。

其次是重复文件、无用文件、大型文件。随着电脑中资料的增多，重复文件的产生是难以避免的。无用文件除了用户堆积在电脑中的各种"以后再看"的文件，还包括应用程序中的多国语言包、未使用过的字体与词典等。对大型文件也应该仔细考虑其是否必要、是否常用，如果回答是否，就应该将其删除或移动到移动硬盘或网盘中，而节约磁盘空间。

内置的存储空间管理功能

为了帮助用户有效利用磁盘空间，从 macOS 10.12 开始，系统内置了管理磁盘存储空间的功能。使用 Spotlight 搜索储存空间管理应用程序并打开，可以看到下图所示的界面。

默认显示的是四项推荐操作：储存在 iCloud 中、优化储存空间、自动清倒废纸篓和避免杂乱。你可以依次单击右侧的按钮进行相应的操作。左栏则展示出系统中各类文件所占用的空间。

建议你定期打开其中的避免杂乱功能，它能够帮你识别出大型文件和可能不需要的文件。单击检查文件按钮可以看到三个项目，分别是大文件、下载项、文件浏览器，如下图所示。前两项不必多说，根据个人情况进行整理就可以了。文件浏览器选项可以将用户目录 /Users/ 用户名中的各个文件夹按照占用空间大小进行排序，对用户了解个人文件的空间占用情况非常有帮助。

此外，macOS 10.12 及更高版本的系统能够自动执行以下几个功能以腾出存储空间。

① 在空间不足时，清理部分日志、缓存等文件。

② 在空间不足时，清理未使用的旧字体、语言和词典。

③ 检测后保留 Safari 中重复下载项的最新版本。

④ 提醒用户删除使用过的应用程序安装文件。如果你安装完应用程序总是忘记删除安装包，记得打开这个功能，很可能为你省下几 GB 的磁盘空间。

如果上述工具无法满足你的要求，这时，就该"请"出 CleanMymacOS 3 这款软件了。安装后，它会集成在储存空间管理的侧边栏中，以系统垃圾的功能模块显示（见上图），并会自动进行扫描。其扫描范围包括 macOS 中的系统垃圾、照片垃圾、邮件附件、iTunes 垃圾、废纸篓、大型和旧文件等，并智能选择可以清理的文件。CleanMymacOS 3 中用来指导智能清理的安全数据库会在后台及时更新，以保障清理行为的安全性与高效率。CleanMymacOS 3 了这款软件可以在随书资源中获取。

文件查重

重复文件则可以通过 dupeGuru 这款免费软件进行查找（dupeGuru 可以在随书资源中获取）。这款软件含有三种模式，如下图所示，每种模式又有相应的扫描类型。

◎ 标准模式，包含文件名、内容、文件夹等扫描类型。

◎ 音乐模式，包含文件名、标签信息、内容等扫描类型

◎ 图片模式，包含内容、EXIF 时间戳等扫描类型。

此外，扫描结果还可以导出为 XHTML、CSV 等格式的文件以便分析、查看。

清理应用程序残留文件

前文提到，系统应该让用户在卸载应用程序时有机会选择是否保留相关文件。我们可以借助 AppCleaner 这款免费软件做到（AppCleaner 可以在随书资源中获取）。

打开 AppCleaner，拖曳应用程序的图标到 AppCleaner 窗口中，如下图所示。它会自动分析并列出与之相关的所有文件，供用户清理。

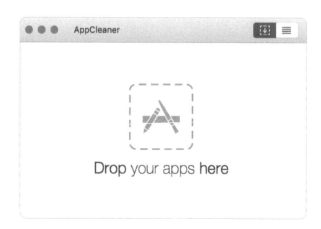

另外，可以打开 AppCleaner 的偏好设置，开启 SmartDelete 功能。此后，在删除应用程序时，AppCleaner 会自动提醒用户是否清理相关残留文件，如下图所示。

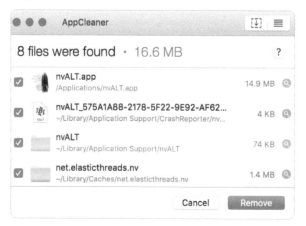

5-4 找回文件的历史版本

据说，设计师最怕的就是辛辛苦苦改了几次稿，最后甲方说"还是用第一版吧"。做 PPT、写文档时，你是不是也遇到过这种情况？很多人都没有保存第一版文件的习惯，等要用到时只能默默重做一份。

不过，学完下面的技巧，即使你没有特意保存过文件，也能找回文件最初的版本，甚至还能把文件变回任意一次修改前的样子。macOS 中的自动保存与文件历史版本功能可以帮我们这个忙。

如何浏览、恢复、删除历史版本

以图片文件为例，使用预览工具打开一张图片，然后依次单击菜单栏中的文件 → 复原到 → 浏览所有版本，即可进入类似于时间机器（Time machine）应用程序界面的历史版本浏览界面。如果你之前编辑过该文件，这里就会显示出之前版本的文件。

如下图所示，左侧窗口显示的是当前版本的文件，右侧是一系列历史版本的文件。通过单击右侧区域右下角的上箭头、下箭头，或者单击屏幕最右侧的时间线刻度，可以浏览文件的各个历史版本。

如果想要恢复到某个历史版本，只需要在时间线中选择该版本后，单击下方的恢复按钮。然而，有时候我们只是想要提取出某个历史版本，并不想覆盖现有的版本，那么可以在时间线中选择该版本后，按住 Option 键，此时恢复按钮已经变为恢复副本，单击它就会生成新的副本，然后保存至需要的位置即可。

另外，对于一些体积巨大的文件，我们还可以删除某个历史版本来为系统腾出空间。进入历史版本浏览界面后，在时间线中选择想要删除的版本，然后将鼠标光标移动至屏幕顶部，菜单栏就会浮现。这时，依次单击文件 → 复原到 → 删除该版本即可。

如何创建一个历史版本

macOS 官方文档显示：如果做出了许多更改，系统会每小时（或更频繁）自动存储一个版本。将文稿打开、存储、复制、重新命名或复原时，系统也会存储一个版本。

由此可知，macOS 中的自动保存功能创建历史版本的频率是很高的，基本可以帮助我们找到任意时刻的版本，以便查看或恢复。

如果想要手动创建一个历史版本，只需要依次单击菜单栏中的文件 → 存储或按下 Command +S 组合键即可，如下图所示。虽然 macOS 能够自动保存，但如果你刚刚灵感涌动写下了一段文字，或者画下一幅创意十足的图画，最好还是手动保存一下。

补充说明

需要注意的是，自动保存功能与文件历史版本功能需要应用程序的主动支持，并非所有文件编辑应用程序都有该功能。经测试，macOS 自带的预览、文本编辑、Pages 等办公应用程序、绘图工具 OmniGraffle、写作工具 MWeb 等均支持该功能。如果你不放心，还是养成手动按 Command + S 组合键的习惯吧。

此外，该功能不依赖时间机器功能，其保存的历史版本位于系统的某个文件夹中。当开启时间机器功能并做备份时，部分历史版本会转移至时间机器的备份中，以减少磁盘占用。如果已有时间机器的备份，那么在浏览历史版本时间线时，那些备份也会在其中显示。

下次遇到需要文件的历史版本的情况时，记得打开该文件，然后看下应用程序菜单栏中是否存在文件 → 复原到这一项，如下图所示。如果存在，那么之前的各个版本就尽在掌握之中，再也不怕别人要求"给我第一版的文件吧"。

5-5 一键清理 macOS 压缩包中的隐藏文件

如果你给向一位使用 Windows 系统的朋友发送一个压缩包文件，他十有八九会对压缩包里面的 __MACOSX 文件夹与 .DS_Store 文件等内容（如下图所示）感到莫名其妙：这是什么？搞不好，杀毒软件还会直接把你的压缩包文件当成病毒删除掉。

其实，这些 __MACOSX 文件夹与 .DS_Store 文件是 macOS 的隐藏内容，如果是在 macOS 系统中进行解压缩或查看，这些内容是隐藏的，没有什么影响。但如果是发送给 使用 Windows 系统的用户，则解压缩后这些内容就会显示出来，引起对方的疑惑，造成不必要的麻烦。

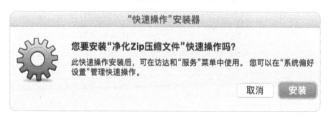

其实，可以使用 macOS 自带的自动化操作来解决这个问题。

解决方法

在本书随书资源中找到已经制作好的"净化 Zip 压缩文件 .workflow.zip"，解压缩后双击解压缩得到的文件即可安装，如下图所示。

之后，如果需要去除 Zip 格式的压缩文件中的系统隐藏内容，直接选中文件，单击右键菜单中的净化 Zip 压缩文件就可以了。处理完成后，系统会发出通知提醒。

▎工作原理

如果你对于这个自动操作的原理感兴趣，可以读一下下面的原理解析。当然，不了解原理也不影响使用，在整个使用过程中你不需要接触代码等比较复杂的内容。

使用自动操作应用程序打开刚才的"净化 Zip 压缩文件 .workflow"文件后，可以看到其原理并不复杂。首先，其工作范围设定在"访达中的文件或文件夹"，如下图所示。这样就只会在这些位置的右键菜单中出现相关选项。当然，你也可以根据自己的需要进行修改。具体的文件处理操作是由 Shell 脚本完成的，处理完成后会发出通知提醒用户。

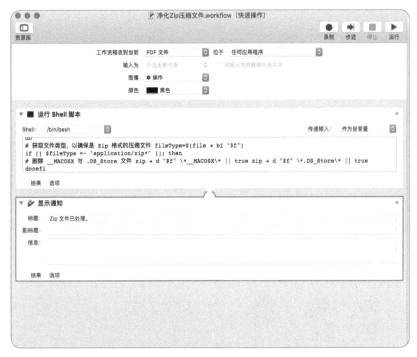

Shell 脚本的内容如下，不需要额外安装软件，也不需要网络，且支持多文件批量操作。Shell 脚本的大致工作流程为：判断选中的每个文件是否为 Zip 格式的压缩文件，如果是，则进行净化操作。

```
# 循环处理选择的多个文件
for f in "$@"
do
    # 获取文件类型，以确保是 Zip 格式的压缩文件
    fileType=$(file → bI "$f")
    if [[ $fileType =~ "application/zip*" ]]; then
        # 删除 __MACOSX 文件夹与 .DS_Store 文件
        zip → d "$f" \*__MACOSX\*  || true
        zip → d "$f" \*.DS_Store\* || true
    fi
done
```

其实，__MACOSX 文件夹与 .DS_Store 文件是 macOS 用来保存文件夹自定义图标、文件位置等信息的。如果 Zip 格式的压缩文件始终在 macOS 中使用，这些文件就不会显示出来，也不必特意去除这些文件。

你也可以使用 Keka 这款免费的压缩软件，它具有在压缩时排除 __MACOSX 文件夹与 .DS_Store 文件等系统隐藏内容的功能。

自动操作应用程序的功能十分强大，如果想进一步了解，可以在少数派网站中搜索 "Automator" 以查看相关文章。

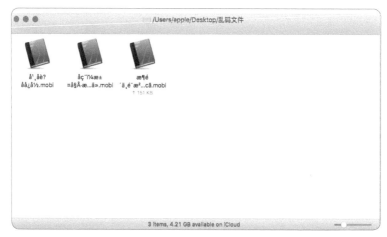

5-6 一键修复文件名乱码

有时下载一个文件，却发现文件名是 "%E9%AB%98%E9%A2%91" 或 "è ªå ¨é è ±è½¬ä¼¼æ" 这样的乱码，如下图所示，完全不能辨认。如果你一口气下载了好几个文件，就完全糊涂了。

本节就这两种乱码类型分别给出解决方法，把文件名恢复正常。

%E9 类型的乱码

这种乱码是由于网站和浏览器之间存在兼容性问题而导致的。这些形如 %E9%AB%98%E9%A2%91 的字符串实际上是文件名的 URL 编码，因此我们可以通过 URL 解码的方式恢复文件的中文名称。

首先，在本书随书资源中找到 "文件名 UrlDecode.workflow.zip" 文件，解压缩完成后双击解压缩得到的文件，在弹出的窗口中单击安装按钮，如下图所示。

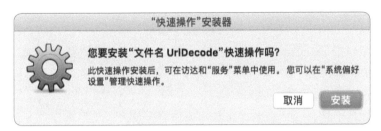

然后，用鼠标右键单击需要处理的文件，单击服务子菜单中的文件名 UrlDecode 选项即可。下面是修复前后的效果对比。该服务不需要网络，且支持批量处理多个文件或文件夹。

如果你想要了解其中的原理，可以用自动操作应用程序打开这个 Workflow 文件。可以看到，其核心为如下代码。

```
# 调用 Python 内置模块进行解码
alias urldecode='python → c "import sys, urllib as ul; print
ul.unquote_plus(sys.argv[1])"'

# 遍历选择的文件列表，进行重命名
for f in "$@"
do
    newName=$(urldecode "$f")
    mv "$f" "$newName"
done
```

è 类型乱码

这类乱码的形成过程与前一种基本相似，但涉及的编码类型不同。国内用户多是在从政府、院校、企业等机构的网站下载文件时遇到这类问题，这种类型的乱码一般是 GBK 编码、解码错误导致的。下面将针对此种类型的乱码给出解决办法。

这里同样是使用自动操作应用程序编写文件服务，这个操作不需要网络，支持批量处理。在本书随书资源中找到"å 修复文件名乱码 .workflow.zip"文件，解压缩完成后双击解压缩得到的文件，在弹出的窗口中单击安装按钮，如下图所示。

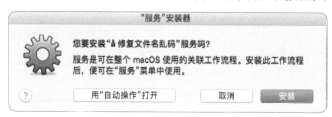

之后，右键单击需要处理的文件，单击服务子菜单中的 å 修复文件名乱码选项，稍等即可。

同样可以使用自动操作应用打开 Workflow 文件。其核心代码如下。

```
for f in "$@"
do
    fileName=$(basename ${f})
    filePath=$(dirname ${f})

    # 两种乱码类型 GBK、UTF
    { fileNewName=$(echo $fileName | iconv → f UTF→8→macOS → t
latin1 | iconv → f gbk)
    } || { fileNewName=$(echo $fileName | iconv → f UTF→8→macOS
→t latin1)
    }

    # 文件名正常或乱码类型不属上述两种时，则跳过
    if [ → n "$fileNewName" ]; then
        # 避免文件名重复：如果已存在修复后的文件名，则在新文件名后加上随机
        字符串
        if [ → e ${filePath}/$fileNewName ]; then
            mv "$f" "${filePath}/${fileNewName} → ${RANDOM}"
        else
            mv "$f" "${filePath}/${fileNewName}"
        fi
    fi
done
```

补充知识

乱码的出现总是让人烦心。希望本节介绍的方法能够帮助你解决这类问题。

应该说明的是，这里所提供的解决方法是在文件名出现乱码的情况下，如何恢复文件正确的中文名称，并非一劳永逸地避免乱码的出现。文件名称乱码的出现，往往涉及系统、浏览器、下载文件的网站等多方面因素，想要避免乱码的出现，只能根据具体的情况，对系统或浏览器做出调整。

5-7 自动化整理下载文件夹

如果挑选大部分用户的电脑中最为杂乱的地方，除了堆满临时文件的桌面，估计就是下载文件夹了。经年累月下载各种文件，再加上用户可能并不经常整理，下载文件夹中各种类型的文件常常混杂在一起。

本节提供一个文件夹操作脚本（下文简称脚本），可将添加到下载文件夹中的文件，按照视频、音乐、图片、文档、压缩、应用及其他 7 类，如下图所示，自动移动至相应的子文件夹中。

如何使用

首先，从本书随书资源中找到"按照文件类型存放 .zip"文件，解压缩完成后双击解压缩得到的文件，在弹出的窗口中单击安装按钮，如下图所示。

然后，用鼠标右键单击下载文件夹的图标，依次单击服务 → 文件夹操作设置。如果打开后的窗口和下图一致，即含有下载文件夹和按照文件类型存放脚本，且三个复选框均已勾选，则表明已配置完成。

如果不符合上述情况，则可按照下列步骤进行操作。

① 设置窗口右侧若不显示按照文件类型存放脚本，则单击右侧的加号按钮，在弹出的菜单中选择按照文件类型存放并单击附加按钮。

② 勾选三个复选框。

原理是什么

该脚本的核心是利用 macOS 自带的文件夹触发功能，运行一段 Python 代码，根据添加文件的后缀名，判断文件类型，将添加文件自动移动至相应的文件夹中。

各文件类型对应的扩展名如下。

◎ 视频：avi、flv、mkv、mp4、mov、mpg、mpeg、wmv。

◎ 音乐：mp3、mpa、ogg、wav、wma、m4a。

◎ 图片：bmp、gif、ico、jpg、jpeg、png、ps、psd、svg、tif、tiff、heic。

◎ 文档：md、markdown、txt、rtf、PDF、doc、docx、ppt、pptx、xls、xlsx、
　　　 key、pages、numbers、wps。

◎ 压缩：zip、rar、7z、iso。

◎ 应用：dmg、pkg、app、apk、exe。

不在上述列表中的文件，则被放置到其他子文件夹中。没有后缀名的文件及文件夹，会被忽略而不移动。

另外，为了避免对正在下载的文件进行误操作，该脚本还会忽略 aria2、download、part 三种后缀名的文件，这样就不怕下载到一半的文件被破坏了。

文件夹中已有的文件怎么办

这个脚本是利用 macOS 自带的文件夹触发功能，仅在向文件夹中添加文件时运行，不处理其中已存在的文件。但实际上，下载文件夹可能已经堆放了许多文件需要处理。这时，我们可以在下载文件夹中新建一个文件夹，将所有已有文件拖入，然后再从中拖出来即可触发自动整理功能。

不只适用于下载文件夹

这个脚本并没有限定只能用于下载文件夹，这里仅是以此为例。你也可以将其用在其他文件夹上，步骤如下。

①右键单击需要设置的文件夹的图标，依次单击服务 → 文件夹操作设置。

②单击右侧的加号(+)，在弹出菜单中选择按照文件类型存放并单击附加按钮(确保复选框均已被勾选)。

如何停用该脚本

①右键单击文件夹的图标，依次单击服务 → 文件夹操作设置选项。

②取消勾选按照文件夹类型存放脚本。

5-8 使用时间机器恢复特定文件

时间机器作为 macOS 自带的自动化资料备份工具，每个重视数据安全的用户都应该善加利用。那么，平时辛辛苦苦做好了时间机器备份，真的遇到问题需要恢复系统时，该如何恢复某个特定文件呢？

首先，单击菜单栏中任务区域的时间机器图标，单击弹出菜单中的进入时间机器选项，如下图所示。如果没有找到相应图标，可以打开系统偏好设置 → 时间机器，勾选在菜单栏中显示时间机器。

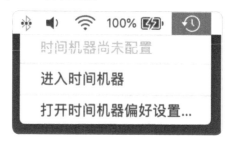

然后，在时间机器界面找到需要的文件所在的位置。单击访达窗口右侧的上箭头、下箭头，或者滚动屏幕最右侧的时间线刻度，以到达特定的备份时间点，从而找到特定的文件版本。如果该文件已删除，则滚动时间线刻度直至回到该文件存在的时刻。

最后，找到想要恢复的文件以及大致的时间点后，可以通过双击或按一下空格键预览其内容。单击访达窗口下方的恢复按钮，该文件的特定版本就会恢复到当前的文件夹中。

此外，由于 macOS 会自动存储大多数文件的历史版本，我们也可以使用 5-4 中的技巧来找回以前的文件。当然，用时间机器进行备份也不应该放弃，毕竟它才是文件备份最后的"保险"。

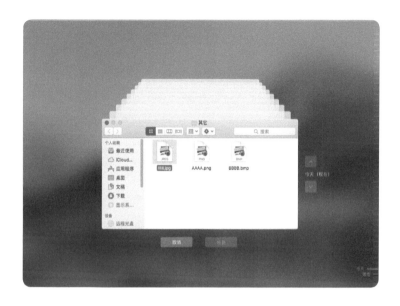

5-9 使用时间机器排除特定文件

在默认情况下，时间机器会备份用户电脑中的所有文件。但是，有些文件或文件夹可能没有备份的必要，比如冗杂的系统文件；有些文件体积太大，比如动辄几 GB 甚至十几 GB 的视频文件。总之，我们不希望这些文件占用有限的备份空间，也不想它们影响备份的速度。

本节将说明在备份时如何排除特定文件或文件夹。

打开系统偏好设置 → 时间机器，单击右下角的选项按钮，进入下图所示的设置界面。

然后，单击左下角的加号（＋），显示选择文件对话框。选择需要排除的文件或文件夹后，单击排除按钮，如下图所示。

如果想要不再排除某个项目，则在排除项目列表中选择某个项目后，单击左下角的减号按钮以删除该项目。设置完成后，单击存储按钮进行保存即可。

如果你用来备份的移动硬盘的空间不足，或者希望备份的速度能够更快一些，可以用本节的技巧排除不需要的文件和文件夹。

5-10 在时间机器中删除特定的备份

时间机器在备份磁盘空间装满时，会自动删除最早的备份，以给备份磁盘腾出更多的空间。尽管如此，如果备份比较频繁，光靠时间机器自带的清理功能，备份磁盘的空间可能仍然不够用。

那能不能手动对备份文件或版本进行管理？当然可以。本节将介绍如何删除特定的文件备份，以及如何删除特定时间点的整体备份，让你轻松清理不再需要的备份文件。

首先，打开时间机器的界面。

然后，如果需要删除特定的备份文件，则可按照以下步骤进行。

①在访达中找到该文件或文件夹。

②单击上方工具栏中的齿轮图标。

③在弹出的菜单中单击删除 "xxx" 的所有备份选项。

如果需要删除特定时间点的整体备份，则可以使用右侧的上按钮、下按钮切换至某个时间点后，单击弹出的删除备份选项即可，如下图所示。

需要注意的是，本地磁盘、外接移动硬盘、网络磁盘等不同的备份介质，所能达到的读写速度不同。历史版本的加载与删除，可能需要一定的时间，如果你需要一次性删除体积较大的备份文件，在操作过程中请耐心等待，不要随意断开 Mac 与磁盘的连接，以免造成资料丢失。

5-11 使用时间机器创建分区存储数据

现如今的移动硬盘一般有数 TB 的容量，而 macOS 需要备份的文件的大小可能只有几百 GB，把整个移动硬盘的空间都用于备份有点可惜，多余的空间可否利用起来？

当然可以。本节就教你如何进行磁盘分区，将磁盘的一半用来备份，另一半则像普通移动硬盘一样拿来存储资料，充分利用备份硬盘的空间。

注意：在通常情况下，本节中的操作步骤不会导致硬盘资料的损坏、丢失。但是，为了安全起见，强烈建议读者在开始使用新硬盘前，对硬盘进行分区处理。然后再用于时间机器的备份，以及存储其他资料。存储资料以后，尽可能不再调整分区。

这里以笔者的 macOS 使用的 APFS 磁盘格式为基础进行说明。部分用户的 macOS 可能仍在使用上一代的 Mac OS 扩展（日志式）格式。针对两种格式的磁盘的操作基本相同，不同之处在下文中会进行说明。

第一步，打开磁盘工具，在左侧列表中选择要操作的硬盘，如下图所示。

第二步，单击工具栏中的分区按钮，会出现下图所示的提示窗口。这时单击分区按钮，而非添加卷宗按钮。这是由于在使用卷宗的情况下，同一容器内的不同卷宗会共享所有的磁盘空间，就像两个文件夹。而此时分区的目的是限制备份占用的空间，给其他用途留出空间。

如果是 Mac OS 扩展（日志式）格式的磁盘，则不需要本步骤。

第三步，在上一步单击分区按钮后，会出现如下图所示的界面。单击饼图下

方的加号添加一个分区。可以根据自己的需要，添加多个分区。

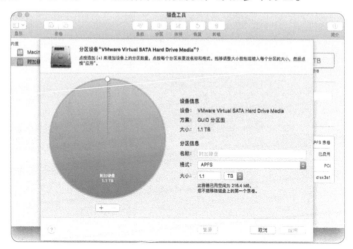

第四步，添加分区后的界面如下图所示。单击饼图中标有原来硬盘名称的扇形区域，使其呈蓝色选中状态，然后在右侧调整其格式和大小。选择标有"未命名"的区域，可在右侧为其重命名。

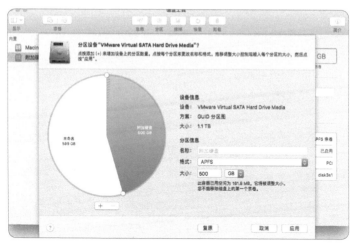

注意，标有原来硬盘名称的扇形区域所代表的分区，装有硬盘中原来的文件资料，其空间不能小于已存资料的总体积。如果这个分区原本用于时间机器备份，则需要保证其空间是需要备份资料总体积的 2 倍以上。

设置完毕后，单击上图右下角的应用按钮保存修改，然后等待完成即可，如下图所示。

分区完成后，关闭磁盘工具就可以使用移动硬盘了。现在你的移动硬盘有了两个分区，一个用于备份，另一个可以随意存储资料，这样不仅能充分利用空间，外出时也不用再带备份盘和存储盘两块硬盘，外出更加方便。

5-12 强制退出应用程序

在使用 Mac 的过程中，难免会遇到应用程序未响应的情况，这时，我们可以等待系统自动处理，关闭该应用程序。但是，系统的自动处理并不是每次都及时、有效，这就需要我们手动强制退出应用程序。

这里介绍三种方法。

一般方法：强制退出

单击菜单栏最左侧的菜单图标，单击其中的强制退出按钮，或者直接按下 Option +Command +Esc 组合键，打开强制退出应用程序窗口，如下图所示。

选择未响应的应用程序的名称，然后单击强制退出按钮。

另外，还可以通过按住 Shift+Option+Command +Esc 组合键 3 秒钟来强制退出桌面最前面的应用程序，要是刚好有一个卡死的应用程序还挡在其他应用程序前面，使你没法操作计算机，可以用这招让它"消失"。

进阶方法：kill 命令

如果上面的方法没能有效关闭未响应的应用程序，还可以使用终端中的命令来解决问题。这个方法有点极客，不过经过前面的学习，相信大家都能快速上手。

为了避免错误操作，要先找到应用程序对应的编号（PID 数字）。打开活动监视器窗口，在列表中找到需要关闭的应用程序的 PID 数字，如下图所示。

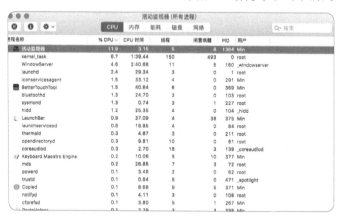

然后，打开终端，在其中输入 "kill ### "并按回车键运行,### 代表在活动监视器中找到的 PID 数字。以上图中的程序坞为例，其 PID 为 291，那么输入的内容就是 "kill 291"。

终极方法：重启和强制关机

如果上述方法都没能解决问题，还可以尝试重新启动计算机。

如果无法正常重启，则可以强制关机。方法为按住电脑的电源按钮，直至屏幕和键盘灯全部熄灭。

需要注意的是，强制关机不会保存未正确关闭的应用程序中的内容，可能会丢失对文件的修改，尽量在前两种方法没能奏效时再强制关机。

5-13 管理密码

管理密码应该成为每个现代人的必修课。密码管理不当、遗失与泄露都可能造成个人信息或财产的意外损失，我们经常听到不少密码泄露的新闻。

对于大多数人来说，创建复杂、难以破解的密码并不难，难得是如何记住这些长长的字符串。在密码管理中，便利性和安全性似乎总是相互矛盾的。近几年，macOS 在管理密码方面不断进化，能让用户在尽可能保证安全的前提下更轻松地管理密码。

本节介绍三个管理密码的小技巧。

查看 Wi-Fi 密码

在连接 Wi-Fi 后，它的密码可能就被我们抛之脑后。但在有些情况下，我们需要将其分享给身边的其他人，或者在其他设备上输入，这时候你是不是会发现自己怎么也想不起来、找不到 Wi-Fi 密码了？

好在 macOS 给我们提供了查看 Wi-Fi 密码的功能。

首先，打开钥匙串访问应用程序，在右上角的搜索框中输入需要查询密码的 Wi-Fi 的名称，就可以看到所有与密码相关的条目了，如下图所示。

然后，双击想要查看的条目，打开下图所示的窗口。勾选显示密码选项前的复选框，输入用户密码或验证 Touch ID 后，Wi-Fi 密码就会显示出来。

还有个不为人知的小技巧：在搜索框中输入 AirPort 可以看到本机连接过的所有 Wi-Fi 的密码。

下次可别再对着已经连接 Wi-Fi 的电脑说自己想不起来密码了。

查找重复密码

密码管理中的反面案例，除了使用 666666 之类的简单密码，就是在多个网站中使用相同的密码。使用相同的密码固然方便记忆，但是一旦一个账户被盗，其他账户也可能跟着遭殃。

幸运的是，macOS Mojave 中 Safari 内置了自动检查重复密码的功能。

打开 Safari 的偏好设置窗口，切换至密码选项卡，输入用户密码或验证 Touch ID 后可以查看密码条目，如下图所示。

当对多个账户使用重复密码后，在其条目最右侧会显示黄色警告 ⚠ 符号，如下图所示。如果你看到这个标志，最好尽快给这几个账户更换密码。你也不用挖空心思自己想密码，Safari 会自动为你生成一长串复杂且无规律的密码，强度很高，如下图所示。

利用隔空投送分享密码

有时候我们想把密码共享给朋友，但是总觉得通过社交软件来发送很不安全，macOS Mojave 新增的隔空投送分享密码功能，可以让用户很方便地在 macOS、iOS 设备之间传送密码，真并做到"发完即焚"，不怕泄露密码。

首先，在需要接收密码的 macOS 或 iOS 设备上，将隔空投送的允许这些人发现我设置为所有人或仅限联系人。

然后，打开 macOS 中 Safari 的偏好设置，切换至密码选项卡。输入用户密码或验证 Touch ID 后，双击需要分享的账号、密码，在打开的窗口中单击隔空投送按钮即可，如下图所示。

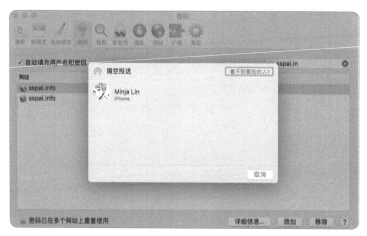

稍等片刻，选择接收的设备就可以了。

5-14 管理权限，保护隐私

如今，大家越来越注重隐私问题。

电脑中存有大量的用户照片、资料等内容。此外，摄像头、麦克风等设备也会收集用户信息，管理不当将会对用户隐私安全构成严重威胁。对于这些数据或设备的访问权限进行管理是系统管理的一个重要组成部分，做好管理可以防患于未然。

依次单击系统偏好设置 → 安全性与隐私中的隐私选项卡，可以看到管理各种访问权限的选项，如下图所示。每个选项对应的列表显示想要访问该项权限的应用

程序，可以通勾选复选框进行授权。如果要更改授权设置，需要单击左下角的黄色
小锁  进行解锁。

定位服务：可以选择是否启用定位服务，以及启用后是否对某个应用程序开
放这项服务。如果列表中的应用程序后方出现黑色小箭头，则说明它在过去 24 小
时内使用过位置信息。单击列表中系统服务右侧的详细信息可以选择是否允许某些
系统服务读取位置信息，还可以设置当系统服务请求你的位置时，在菜单栏中显示
位置图标。macOS 通过连接的 Wi-Fi 进行定位，所以在未连接 Wi-Fi 时无法定位。

通讯录、日历、提醒事项、照片：显示想要访问相应数据的应用程序。

Twitter 等账户信息：当用户在系统偏好设置 → 互联网账户中登录社交媒体或
其他网络账户时，这里会显示想要访问相应账户信息的应用程序。

辅助功能：该项可能是被应用程序请求最多的权限。授权后，应用程序可以
通过运行脚本和系统命令对系统进行控制。所以，务必谨慎对待此项授权。

分析：

① 共享 macOS 分析：通过自动化发送诊断数据和用量数据帮助 Apple 公司改
   善产品和服务，诊断数据可能包括位置信息。

② 与应用程序开发者共享：允许 Apple 公司与开发者共享崩溃数据，来帮助
   应用程序开发者改进应用程序。

③ 共享 iCloud 分析：允许对 iCloud 账户的使用情况和数据进行分析，以帮助
   Apple 公司改进产品和服务。

macOS Mojave 在隐私保护方面做出了相当大的改进，并在隐私面板中加入了以下几项。

摄像头、麦克风：在 macOS Mojave 发布之前，应用程序可能会私自利用设备进行录像、录音。现在通过这两项设置，用户可以完全掌控自己的设备。

系统管理：显示拥有系统管理权限的应用程序。

应用程序数据：显示可以访问日历、信息、右键及其他应用程序数据的应用程序。

自动化：显示可以自动化其他应用程序的应用程序。

广告：

① 限制广告追踪：选择不在 Apple 公司推出的应用程序和 macOS 设备中接收基于兴趣的广告。你仍会收到同等数量的广告，但广告相关性会降低。

② Apple 公司应用程序中的广告：查看 Apple 在公司"新闻""股市"和 macOS App Store 中提供的广告。用户的个人数据不会提供给第三方。

5-15 更换 Safari 的代理

为了更好的用户体验，对于不同操作系统的访问者，许多网站会自动展示不同的网页信息或不同版本的下载链接。例如，同一个页面上的同一个下载按钮，macOS 用户和 Windows 用户单击后得到的是适用于各自系统的应用程序。

然而，在有些情况下，我们可能需要在 macOS 中下载 Windows 应用程序，或者查看展示给 Windows 用户的网页。

这时，可以按照以下步骤进行操作。

① 打开 Safari 浏览器偏好设置中的高级选项卡，勾选最下方的在菜单栏中显示"开发"菜单选项，关闭偏好设置。

② 在菜单栏的开发菜单中，选择用户代理中 Microsoft Edge、Internet Explorer、Google Chrome —— Windows 和 Firefox Windows —— Windows 浏览器，如下图所示。然后，网页会自动刷新。

③ 查看网页或下载 Windows 应用。

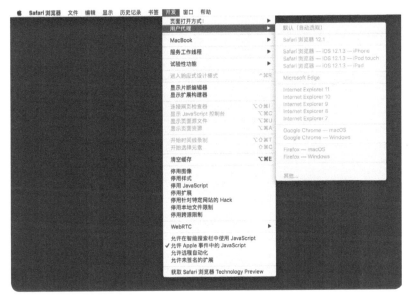

其实，这类网站是通过一种叫作用户代理的技术判断用户系统和浏览器的信息的。一段典型的用户代理数据是这样的：Mozilla/5.0 (Windows NT 10.0; Win64; x64) AppleWebKit/537.36 (KHTML, like Gecko) Chrome/52.0.2743.116 Safari/537.36 Edge/15.15063。

在上图中可以看到，这里提供的用户代理非常全面，包括 Safari、Microsoft Edge、Internet Explorer、Chrome、Firefox 等主流浏览器，以及 iPhone、iPad、iPod touch、Windows、macOS 等设备或系统。如果这些内容不能满足你的需要，还可以单击最下方的其他选项来自定义用户代理。Chrome、Firefox 等浏览器也有相应的扩展，用来配置用户代理。

5-16 管理开机启动项

无论是在 macOS、Windows 中，还是在 Android 中，开机启动项都是许多用户重点调整、管理的内容。**多余的启动项可能导致系统启动速度变慢，也会占用过多的内存，影响运行速度。**

依次单击系统偏好设置 → 用户与群组，选择当前用户对应的登录项选项卡，可以看到开机启动项的列表，如下图所示。

通过列表下方的加减号可以增加或删除启动项。列表中项目名称右侧的隐藏复选框可以设置应用程序启动后其窗口是否处于隐藏状态。需要注意的是，有些应用程序会特意提醒不要勾选隐藏复选框。

此外，有些应用程序的后台服务（如 Dropbox、Chrome 的自动更新），以及个别应用程序（如 iStat Menus）的开机启动项不会在登录项选项卡中显示。这些都是通过 macOS 系统的 Launchd 服务启动的，普通用户不必对它们进行管理。

5-17 通过局域网共享文件

用过 Apple 设备的人基本上对利用隔空投送传输文件的体验都很满意。但是隔空投送对在 macOS 设备和 Windows 设备之间传输内容就无能为力，不少人只能用聊天软件来传文件，如下图所示。

其实，只要你和对方处在同一个局域网下，就能通过 macOS 内置的文件共享功能来分享文件。

出于安全的考虑，我们先建立一个专门的共享账号，而不是允许任何人随意连接你的电脑，之后按下列步骤进行操作。

① 进入系统设置的用户与群组界面。

② 单击左下角的锁头图标，输入密码进行解锁。

③ 单击登录选项下方的加号按钮，创建新账户。

④ 填入账户类型（仅限共享）、全名、账户名称、密码等内容，完成创建。如果你的系统升级成了 macOS Mojave 及以后的系统，密码至少需要设置四位数。至于账户名称，它是自动生成的，以后用不到，如下图所示。

接着打开 macOS 的系统偏好设置 → 共享，勾选文件共享复选框，把想共享的文件夹直接从访达拖进共享文件夹下方的窗口，并单击右边用户：下方的加号按钮，添加刚刚创建的共享账户。其权限一般设置为默认的只读就好，如果你想让同事直接修改你设备中的文件，改成读与写也可以，如下图所示。

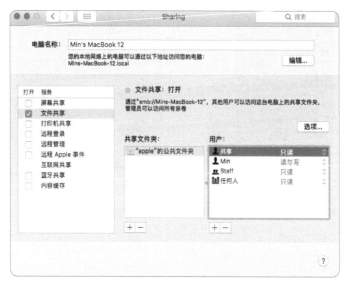

继续为 Windows 用户进行一些专门的配置。还是在刚才的界面，单击用户：上方的选项 ... 按钮，勾选使用 AFP 来共享文件和文件夹、共享这两项，期间会要求你输入共享账户的密码，照常输入即可，如下图所示。

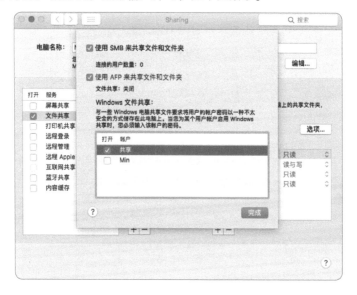

至此，共享账户已经创建完成，权限也设置好了。

接着换一台电脑，打开浏览器或文件管理器（对于 macOS 就打开访达，对于 Windows 则打开资源管理器），在地址栏输入文件共享的地址。这个地址可以在文件共享的设置界面找到，以我的电脑为例，就是 afp://Mins → MacBook → 12 或者 smb://Mins → MacBook → 12。你可以把它们保存为书签，下次直接单击就能跳转到共享界面。

你会直接在文件管理器中看到用户登录界面，输入共享账户的名称和密码即可进入，如下图所示。

然后就能像使用本地文件一样访问别人电脑中的文件了，如下图所示。

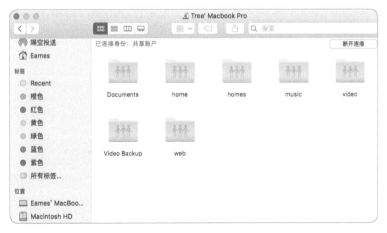

这个技巧不受系统的限制，只需要各台计算机连接同一个网络就能共享文件，还几乎不影响下载的网速，非常适合在办公室使用。

读 者 服 务

轻松注册成为博文视点社区用户（www.broadview.com.cn），扫码直达本书页面。

• 下载资源：本书如提供示例代码及资源文件，均可在 下载资源 处下载。

• 提交勘误：您对书中内容的修改意见可在 提交勘误 处提交，若被采纳，将获赠博文视点社区积分（在您购买电子书时，积分可用来抵扣相应金额）。

• 交流互动：在页面下方 读者评论 处留下您的疑问或观点，与我们和其他读者一同学习交流。

页面入口：http://www.broadview.com.cn/35474